全国高等职业学校电类专业

电机与电气控制（第三版）习题册

李金钟　主　编

中国劳动社会保障出版社

简　介

本习题册为全国高等职业学校电类专业教材《电机与电气控制（第三版）》的配套用书。本习题册按照教材章节顺序编写，内容紧扣教学要求，知识点分布均衡，题型丰富多样，习题难易适中，有助于学生复习巩固所学知识。

本习题册由李金钟任主编。

图书在版编目（CIP）数据

电机与电气控制（第三版）习题册/李金钟主编. --北京：中国劳动社会保障出版社，2023

全国高等职业学校电类专业

ISBN 978－7－5167－5923－3

Ⅰ. ①电… Ⅱ. ①李… Ⅲ. ①电机学－高等职业教育－习题集②电气控制－高等职业教育－习题集 Ⅳ. ①TM3－44②TM921.5－44

中国国家版本馆 CIP 数据核字（2023）第 162050 号

中国劳动社会保障出版社出版发行

（北京市惠新东街 1 号　邮政编码：100029）

*

北京市艺辉印刷有限公司印刷装订　新华书店经销

787 毫米×1092 毫米　16 开本　8.25 印张　180 千字

2023 年 9 月第 1 版　2023 年 9 月第 1 次印刷

定价：18.00 元

营销中心电话：400－606－6496

出版社网址：http://www.class.com.cn

http://jg.class.com.cn

目录

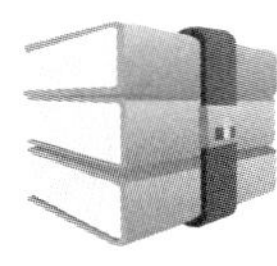

课题一　直流电机的应用

任务1　认识直流电机

一、填空题（将正确答案填在横线上）

1. 直流电机是实现________________与机械能之间相互转换的电力机械，其中，将机械能转换成____________的电机称为直流发电机，将直流电能转变成机械能的电机称为______________。

2. 直流电动机的优点是具有优良的__________和启动性能；过载能力大，能承受频繁的冲击负载；可实现频繁的无级快速启动、制动和反转；缺点是制造工艺________，生产成本高；电刷与换向器之间容易产生__________，可靠性较差，维护比较困难。

3. 直流电机的基本结构由定子和转子（________）两大部分组成，定子部分包括机座、主磁极、__________、端盖、电刷等装置；转子部分包括电枢铁心、_________、____________、转轴、风扇等部件。

4. 换向极的作用是____________，____________。

5. 电枢绕组的作用是产生______________和______________，从而实现机电能量的转换。

6. 换向器在直流发电机中是将电枢绕组中的交流电转换为电刷间的__________，起整流作用；在直流电动机中是将电源的直流电转换为电枢绕组中的交流电，作用是保持__________的方向不变。

7. 直流电机按励磁方式的不同，可分为________和自励两大类。

8. 直流电动机的额定功率是指转轴上输出的________功率。

9. 同一台电机，既能作发电机运行，又能作电动机运行的原理，称为电机的______原理。

10. 直流电动机启动前，务必将励磁回路调节电阻的阻值调到________，电枢回路调节电阻的阻值调到__________。

11. 直流电动机启动时，必须先接通__________电源，再接通________电源。

12. 直流电动机停机时，必须先切断__________电源，再断开________电源。

二、选择题（将正确答案的序号填在括号内）

1. 直流电机具有优良的（　　）和启动性能。

A. 调速性能　　B. 调频性能

C. 节能性能　　D. 调压性能

2. 直流电动机与交流电动机相比，缺点是（　　）。

A. 容易产生火花　　B. 启动电流小

C. 功率因数低　　D. 频率不可调

3. 直流电机的定子部分包括机座、（　　）、换向极、电刷等部件。

A. 换向器　　B. 整流子

C. 主磁极　　D. 稳压器

4. 直流电机的转子部分包括电枢铁心、电枢绕组、（　　）、转轴等部件。

A. 调压器　　B. 电刷

C. 换向器　　D. 机座

5. 换向器在直流发电机中的作用是将电枢绕组中的交流电转换为电刷间的直流电，起（　　）的作用。

A. 调速　　B. 整流

C. 节能　　D. 调压

6. 换向器在直流电动机中的作用是将电源的直流电转换为电枢绕组中的交流电，保持（　　）的方向不变。

A. 电动势　　B. 电磁转矩

C. 电枢电流　　D. 转速

7. 自励直流电机按励磁绕组与电枢绕组的连接方式不同，可分为（　　）、串励和复励三种。

A. 超励　　B. 并励

C. 欠励　　D. 他励

8. 直流发电机的额定功率是指输出的（　　）。

A. 电功率　　B. 机械转速

C. 磁功率　　D. 机械功率

9. 直流电机的电枢绕组中流过的是（　　）。

A. 脉冲电　　B. 交流电

C. 高频电　　D. 直流电

三、判断题（正确的打√，错误的打×）

1. 直流电动机与交流电动机相比，具有优良的调速性能和启动性能。（　　）

2. 直流电动机的缺点是制造工艺复杂，容易产生火花，功率因数低。（　　）

3. 直流电动机电枢绕组元件中的电流是直流电流。（　　）

4. 直流电机中换向器的作用是改变电流的方向。 (　　)
5. 直流电动机的电刷随转子一起转动。 (　　)
6. 直流电动机的额定功率是转轴上输出的机械功率。 (　　)
7. 直流电动机可以正反转运行称为电机的可逆原理。 (　　)
8. 启动直流电动机前，务必将励磁回路调节电阻调到最大。 (　　)
9. 通电启动直流电动机时，必须先接通电枢电源。 (　　)

四、简答题

1. 直流电动机有哪些优缺点？可应用于哪些场合？

2. 直流电机由哪些部件组成？

3. 简述直流电动机的工作原理。

4. 直流电机中，换向器的作用是什么？

5. 简述直流电机的分类。

6. 直流电动机铭牌上有哪些额定数据?

五、计算题

1. 一台直流发电机，$P_N = 10$ kW，$U_N = 110$ V，$n_N = 1\ 450$ r/min，$\eta_N = 85\%$，求额定电流 I_N，额定输入功率 P_{1N}和额定输入转矩 T_{1N}。

2. 一台直流电动机，$P_N = 20$ kW，$U_N = 220$ V，$n_N = 1\ 500$ r/min，$\eta_N = 88\%$，求额定输入功率 P_{1N}、额定电流 I_N和额定输出转矩 T_{2N}。

六、作图题

画出他励、并励、串励和复励直流电机的励磁方式接线图。

任务2 直流电机的运行

一、填空题（将正确答案填在横线上）

1. 直流电机带负载时电枢磁动势对____________的影响称为电枢反应。

2. 电枢反应不仅使直流电机内气隙磁场发生畸变，而且还存在着____________作用。

3. 直流电机的电枢绕组中同时存在着电枢电动势和______________。

4. 电枢电动势的大小正比于每个磁极的磁通量和______________。

5. 电枢电动势的方向由电机的转向和_____________________的方向决定。

6. 电磁转矩的大小正比于每个磁极的磁通量和______________。

7. 电磁转矩的方向由主磁场的方向和______________的方向决定。

8. 电枢绕组元件从一条支路经过电刷转入另一条支路，元件中的__________改变方向的过程，称为换向。

9. 直流电机工作时会产生火花，除了_______________外，还有机械的原因；另外，换向过程中还伴随有电化学、电热等因素，原因相当复杂。

10. 改善换向的常用方法有______________、正确移动电刷、正确选用电刷、装设补偿绕组。

11. 改善换向最有效的方法是______________。

12. 直流电机的换向极绕组与______________串联。

13. 直流电机的基本方程式包括电压方程式、____________、功率方程式等。

14. 直流发电机运行时，输出端电压总是____________电枢电动势。

15. 直流电动机正常工作时，作用在轴上的转矩有______________、空载转矩和负载转矩。

16. 直流电动机中由电能转换为机械能的那部分功率叫____________功率。

17. 在直流发电机的工作特性中，比较重要的有____________和外特性等。

18. 随着负载电流的__________，直流他励发电机输出电压略有降低；直流并励发电机的端电压下降的更多一些。

19. 直流发电机的负载电流增大时，必须增大______________去补偿电枢反应的去磁作用和电枢电阻的电压降，才能维持输出端电压不变。

20. 并励发电机自励建立稳定电压的三个条件是：电机必须有__________；励磁绕组的____________与电枢旋转的方向必须正确配合，励磁回路的总电阻应____________与发电机转速相对应的临界电阻。

二、选择题（将正确答案的序号填在括号内）

1. 直流电机运行时除了主磁场外，还存在（　　）磁场。

A. 恒定　　B. 脉冲

C. 电枢　　D. 高频

2. 电枢反应对电机工作的影响是使气隙磁场发生畸变，对主磁场起附加（　　）作用。

A. 吸收　　B. 去磁

C. 震荡　　D. 助磁

3. 直流电机的电枢绕组中同时存在着电枢电动势和电磁转矩，直流发电机中是电枢（　　）在起主要作用，直流电动机中是电磁转矩在起主要作用。

A. 电压　　B. 电功率

C. 电动势　　D. 电流

4. 电枢电动势的方向由电机的转向和主磁场的方向决定。若两者同时改变，则电枢电动势的方向（　　）。

A. 改变　　B. 不变

C. 反向　　D. 消失

5. 同一台直流电机中，电磁转矩常数和电动势常数是恒定的，两者之间的比值等于（　　）。

A. 6.28　　B. 9.55

C. 0.707　　D. 0.866

6. 直流电机正常运行时，火花等级不应超过（　　）。

A. 1 级　　B. 2 级

C. $1\frac{1}{4}$级　　D. $1\frac{1}{2}$级

7. 换向极绕组产生的磁动势方向与电枢反应磁动势的方向应该（　　）。

A. 垂直　　B. 相同

C. 重叠　　D. 相反

8. 直流电机运行于电动机状态时，电刷应（　　）电枢旋转方向移动一个适当角度，以改善换向，减小火花。

A. 逆着　　B. 垂直

C. 顺着　　D. 向内

9. 直流他励发电机的空载特性曲线与该发电机的磁化曲线的形状（　　）。

A. 不同　　B. 相似

C. 相反　　D. 相同

10. 直流他励发电机的电压变化率（　　）直流并励发电机的电压变化率。

A. 大于　　B. 等于

C. 小于　　D. 不等于

11. 直流并励发电机的励磁电流取自发电机本身，所以又称“（　　）发电机”。

A. 自励　　B. 电励

C. 永磁　　D. 电磁

12. 直流并励发电机的励磁磁通方向与剩磁通方向不一致时，只要将（　　）并联到电枢的两个端点对调一下即可。

A. 励磁绕组　　B. 换向绕组

C. 电枢绕组　　D. 电磁绕组

13. 直流并励发电机的转速越高，其临界电阻值（　　）。

A. 不变　　B. 越小

C. 不定　　D. 越大

三、判断题（正确的打√，错误的打×）

1. 电枢磁动势增大了电机的主磁场。（　　）
2. 直流电动机改善换向最有效的方法是正确移动电刷。（　　）
3. 电枢反应使气隙磁场发生畸变。（　　）
4. 电枢电动势的大小正比于每个磁极的磁通量和电机的转速。（　　）
5. 直流电机用装设补偿绕组的方法来改善换向的成本最高，性能最好。（　　）
6. 直流发电机运行时输出端电压总是大于电枢电动势。（　　）
7. 直流发电机中的电磁转矩是制动性质的转矩。（　　）
8. 直流电机的磁路一般工作在磁化曲线的饱和区。（　　）

9. 直流并励发电机的电压变化率 $\Delta U\%$ 约为 5% ~10% 。（　　）

10. 直流并励发电机励磁回路的总电阻逐渐增大时，空载电压也逐渐增大。（　　）

四、简答题

1. 什么叫电枢反应？电枢反应对电机工作有什么影响？

2. 直流电机中，电动势和电磁转矩的大小及方向分别与哪些因素有关？

3. 直流电机运行时，电刷与换向器之间产生火花的原因有哪些？

4. 直流电机改善换向的方法有哪些？最有效的方法是什么？

5. 如何根据直流电机端电压与电动势的大小关系来确定电机的运行状态？

6. 直流发电机比较重要的工作特性有哪些？负载电流增大时，使他励发电机端电压下降的原因有哪几个？使并励发电机端电压下降的原因有哪几个？

7. 直流并励发电机不能自励建立电压的原因有哪些？

五、计算题

一台额定功率 $P_N=20$ kW 的他励直流发电机，其额定电压 $U_N=230$ V，额定励磁电压 $U_{fN}=180$ V，额定转速 $n_N=1\ 500$ r/min，电枢回路总电阻 $R_a=0.15\ \Omega$，励磁回路总电阻 $R_f=75\ \Omega$。已知机械损耗和铁损耗 $P_m+P_{Fe}=1$ kW，求额定负载情况下各绕组的铜损耗、电磁功率、总损耗和输入机械功率 P_1。

任务3　直流电动机的调速

一、填空题（将正确答案填在横线上）

1. 电气传动系统一般由______________、传动机构、生产机械的工作机构、控制设备以及电源五部分组成。

2. 电气传动系统中，电磁转矩 T = 负载转矩 T_L 时，系统处于____________运行的稳态；$T > T_L$时，系统处于____________的过渡过程中；$T < T_L$时，系统处于减速运动的过渡过程中。

3. 生产机械的负载特性按照性能特点，可以归纳为以下三类：____________负载特性（阻力型恒转矩负载、位能型恒转矩负载），____________负载特性和通风机型负载特性。

4. 电动机的机械特性是指电动机的____________与电磁转矩之间的关系。

5. 当电源电压____________，主磁通____________，电枢回路不串电阻时，电动机的转速与电磁转矩之间的关系，称为电动机的固有机械特性。

6. 直流电动机的人为机械特性有三种：__________的人为机械特性，__________的人为机械特性，______________的人为机械特性。

7. 电枢回路串电阻的人为机械特性是理想空载转速不变，电阻越大，斜率________。

8. 降低电枢电压的人为机械特性是理想空载转速与电枢电压成正比，斜率________。

9. 减弱磁通的人为机械特性是随磁通的减弱，理想空载转速上升，斜率__________。

10. 直流串励电动机具有以下特性：不许____________；启动和过载能力________；是一种__________的电动机。

11. 衡量电动机调速系统调速性能好坏的技术指标有__________、____________、调速的稳定性、调速的经济性、调速时电动机的允许输出等。

12. 根据调速时电动机的允许输出，技术指标主要可分为__________调速方式和恒转矩调速方式两大类。

13. 电枢回路串电阻调速的特点是转速只能从额定转速________调，属于__________调速方式。

14. 降低电枢电压调速的特点是转速只能从额定转速________调，属于__________调速方式。

15. 弱磁调速的特点是转速只能从额定转速________调，属于__________调速方式。

二、选择题（将正确答案的序号填在括号内）

1. 电气传动系统中主要的机械物理量有电动机的转速、(　　)、负载转矩。

A. 位置　　　　B. 电磁转矩

C. 角度

D. 功率因数

2. 阻力型恒转矩负载的特点是 $n>0$ 时，（　　），$n<0$ 时，$T_L<0$。

A. $T_L \to 0$

B. $T_L=0$

C. $T_L<0$

D. $T_L>0$

3. 位能型恒转矩负载的特点是 $n>0$ 时，$T_L>0$，$n<0$ 时，（　　）。

A. $T_L \to 0$

B. $T_L=0$

C. $T_L<0$

D. $T_L>0$

4. 恒功率负载特性的特点是，在不同转速下，负载转矩基本上与转速成（　　）。

A. 正比

B. 无关

C. 反比

D. 常数

5. 通风机型负载特性的特点是，其转矩的大小与（　　）成正比。

A. 功率

B. 转速的平方

C. 角度

D. 转速

6. 直流串励电动机的电磁转矩与（　　）成正比。

A. 电压

B. 电流

C. 磁通

D. 电流的平方

7. 改变直流串励电动机的电源电压正负极性，电磁转矩的（　　）。

A. 方向不变

B. 大小不变

C. 方向改变

D. 大小改变

8. 直流电动机电枢回路串电阻调速时，电阻越大，转速（　　）。

A. 不变

B. 越高

C. 越低

D. 为零

9. 降低电枢电压的人为机械特性低于且（　　）于固有机械特性。

A. 大于

B. 平行

C. 小于

D. 交叉

三、判断题（正确的打√，错误的打×）

1. 生产机械的负载特性可以归纳为恒转矩、恒功率、恒转速三类。（　　）
2. 起重机属于阻力型恒转矩负载。（　　）
3. 通风机型负载，其功率的大小与转速的立方成正比。（　　）
4. 电枢回路串电阻的人为机械特性，其理想空载转速 n_0 不变。（　　）
5. 降低电枢电压的人为机械特性是一组放射性的直线。（　　）
6. 直流串励电动机可以接到交流电源中。（　　）
7. 调速平滑性最好的系统是无级调速。（　　）
8. 电枢回路串电阻调速方法在空载时几乎无调速作用。（　　）
9. 降低电枢电压的人为机械特性平行于固有机械特性。（　　）
10. 弱磁调速方法的调速范围较小。（　　）

四、简答题

1. 什么是固有机械特性？什么是人为机械特性？

2. 直流串励电动机的机械特性有什么特点？

3. 直流他励电动机有哪几种调速方法？各有什么特点？

4. 改变磁通调速的机械特性为什么在固有机械特性上方？改变电枢电压调速的机械特性为什么在固有机械特性下方？

5. 直流他励电动机的机械特性 $n=f(T)$ 为什么是略微下降的？是否会出现上翘现象？为什么？上翘的机械特性对电动机运行有何影响？

6. 当直流电动机的负载转矩和励磁电流不变时，减小电枢电压，为什么会引起电动机转速降低？

7. 当直流电动机的负载转矩和电枢电压不变时，减小励磁电流，为什么会引起转速的升高？

8. 直流并励电动机在拖动负载运行中，当励磁回路断线时是否一定会出现“飞车”现象？为什么？

五、计算题

一台直流他励电动机，$P_N=10$ kW，$U_N=110$ V，$I_N=105$ A，$n_N=1\ 500$ r/min，$R_a=0.1\ \Omega$，试求下列机械特性方程并绘制相应的机械特性曲线。

（1）固有机械特性；

（2）电机回路串入电阻 $R_p=0.4\ \Omega$ 时的人为机械特性；

（3）$U=50$ V 时的人为机械特性；

（4）$\Phi=75\%\ \Phi_N$时的人为机械特性。

任务4　直流电动机的启动、反转和制动

一、填空题（将正确答案填在横线上）

1. 直流电动机由于电枢电阻 R_a很小，如果直接加额定电压启动，启动电流会很大，可达额定电流的__________倍。

2. 直流他励电动机的启动方法有_______________启动和减压启动两种。

3. 直流电动机一般规定启动电流不应超过额定电流的____________倍。

4. 当直流他励电动机的电枢回路由专用可调直流电源供电时，可采用__________的启动方法来限制启动电流。

5. 直流电动机减压启动过程中能量损耗__________，启动平滑，但设备投资__________。

6. 直流电动机改变转向的方法有两种，即电枢绕组反接和______________反接。

7. 为了实现直流电动机高效、快速地反转，往往采用________________反接的方法。

8. 直流电动机的电气制动有四种方法，即__________制动、电枢反接制动、____________制动和回馈制动。

9. 直流电动机采取能耗制动时，保持励磁电流不变，电枢绕组立即从电源切换到__________上，__________和电磁转矩方向改变，使电磁转矩成为制动转矩。

10. 能耗制动适用于______________的场合。

11. 电枢反接制动是维持励磁电流不变，突然改变外加______________的极性，从而产生一个很大的电磁制动转矩，使电动机很快停转。

12. 电枢反接制动时，电源供给的__________和驱动系统动能转换出来的__________全部消耗在电枢回路的电阻上，因此能量消耗__________。

13. 电枢反接制动适用于____________的场合。

14. 当直流电动机驱动____________负载，电枢串入大电阻时，电动机会在外力驱动下向着电磁转矩旋转方向相反的方向旋转，此时电动机便工作在_______________制动状态。

15. 倒拉反接制动时，直流电源向电机供给电能，而下放重物的势能也变为电能，这两部分电能都消耗在__________________上。

16. 倒拉反接制动一般用于________________的场合。

17. 回馈制动又称__________制动或__________制动。

18. 回馈制动一般用于________________或起重机快速下放重物的场合。

二、选择题（将正确答案的序号填在括号内）

1. 直流电动机启动的基本要求是：有足够的启动转矩，（　　）不能过大。

A. 启动功率　　B. 启动电流

C. 启动转速　　D. 启动电阻

2. 电枢回路串电阻启动，随着转速的升高，应把启动电阻（　　）。

A. 平滑地减小　　B. 保持最大

C. 平滑地增大　　D. 保持最小

3. 直流电动机减压启动时，随着转速的升高，应把启动电压（　　）。

A. 平滑地减小　　B. 保持最大

C. 平滑地增大　　D. 保持最小

4. 直流电动机的转向由（　　）的方向决定。

A. 换向器　　B. 电磁转矩

C. 电刷　　D. 电磁功率

5. 电枢反接比（　　）能实现电动机更高效、快速地反转。

A. 换向反接　　B. 电流反接

C. 电阻反接　　D. 励磁反接

6. 电气制动时，电动机产生的电磁转矩与转速的方向（　　）。

A. 相反　　B. 无关

C. 相同　　D. 不确定

7. 最节能的电气制动方法是（　　）。

A. 能耗制动　　B. 倒拉反接制动

C. 回馈制动　　D. 电枢反接制动

8. 最浪费电能的电气制动方法是（　　）。

A. 能耗制动　　B. 再生制动

C. 回馈制动　　D. 电枢反接制动

9. 在制动电流等要求相同时，电枢反接制动电阻（　　）能耗制动电阻。

A. 无关　　B. 小于

C. 等于　　D. 大于

10. 回馈制动一般不串电阻的原因是为了防止电动机的转速（　　）。

A. 为零　　B. 过高

C. 失控　　D. 过低

三、判断题（正确的打√，错误的打×）

1. 直流电动机电枢回路串电阻启动比减压启动更节能。（　　）
2. 直流电动机电枢回路串电阻启动一般是把启动电阻分为若干段而逐段加以切除。（　　）
3. 直流电动机减压启动过程中应随着转速的上升相应地降低电源电压。（　　）
4. 直流电动机任意改变主磁通或电枢电流都能改变电动机的转向。（　　）
5. 直流电动机电气制动方法的共同点是电磁转矩与转向相反。（　　）
6. 直流电动机采用能耗制动时的制动电阻越大，制动效果越强烈。（　　）
7. 电枢反接制动为了防止电动机反转，在制动到快停车时，应切断电源。（　　）
8. 起重机倒拉反接制动时，电枢回路的电阻大小如果合适，可以让重物悬在空中。（　　）

四、简答题

1. 直流电动机为什么不允许直接启动？

2. 直流他励电动机有哪些启动方法？哪种启动方法性能较好？

3. 直流电动机改变转向的方法有哪些？一般采用哪种方法比较合适？

4. 直流电动机有哪几种电气制动方法？分别应用于什么场合？

五、计算题

1. 一台直流他励电动机 $P_N = 10$ kW，$U_N = 220$ V，$I_N = 50$ A，$n_N = 1\ 000$ r/min，$R_a = 0.5\ \Omega$，最大启动电流 $I_{st} = 2I_N$，试计算：（1）电枢回路串电阻启动时，串入的总电阻 R_{st}。（2）减压启动时的初始启动电压 U_{st}。

2. 上题中的电动机，如果最大制动电流 $I_a = 2I_N$，试计算：（1）能耗制动应该串入的电阻 R_{b1}。（2）电枢反接制动应该串入的电阻 R_{b2}。

任务5 直流电动机的使用和维护

一、填空题（将正确答案填在横线上）

1. 直流电动机在投入运行前，需检查电刷__________是否正常均匀，电刷与换向器的__________是否良好；用手转动电枢检查是否__________；测量绕组对机壳的绝缘电阻是否____________1 MΩ；检查磁场变阻器、启动器等连接是否____________，接触是否__________。

2. 直流电动机用启动器启动时，需要在每个触点上停留约__________秒。

3. 直流电动机由可调电源供电时，要先将________通电，并将电源电压________。

4. 电动机刚开始通电启动时，要观察转向是否与______________的转速方向一致。

5. 电机启动完毕后，应观察换向器上的火花等级是否超过____________级。

6. 直流电动机带恒转矩负载向下调速时，可以采用__________调速或__________调速方法。

7. 直流电动机的停机过程依次是：降速、__________、断电，切断励磁回路。

8. 电动机的清洁工作每月不得少于__________次。

9. 换向器表面可用“________”号砂布在旋转着的换向器表面进行细致研磨。

10. 电刷磨损或损坏时，应用__________及____________与原来相同的电刷更替。

11. 电动机的轴承工作__________________小时后应更换新的润滑脂。

二、选择题（将正确答案的序号填在括号内）

1. 直流电动机电刷之间的压力差不应超过（　　）。

   A. 5%　　　　B. 30%

   C. 10%　　　　D. 20%

2. 直流电动机轴承中的润滑脂以占轴承室空间的（　　）为宜。

   A. 四分之一　　　　B. 三分之一

   C. 二分之一　　　　D. 三分之二

3. 电机在安装后要用（　　）兆欧表测量绕组对机壳的绝缘电阻。

   A. 500 V　　　　B. 1 000 V

   C. 250 V　　　　D. 750 V

4. 电动机在可调电源供电时，需要先将（　　）通电。

   A. 换向极绕组　　　　B. 励磁绕组

   C. 补偿绕组　　　　D. 电枢绕组

5. 直流电动机带恒功率负载向上调速时，可采用（　　）方法调速。

   A. 弱磁　　　　B. 加磁

C. 升压　　D. 电枢减电阻

6. 直流电动机停车后要切断（　　）。

A. 换向回路　　B. 电枢回路

C. 调速回路　　D. 励磁回路

7. 电刷在换向器上的接触面积不能小于其总面积的（　　）。

A. 85%　　B. 65%

C. 90%　　D. 75%

8. 用通风机将热空气（80 ℃）送入电动机进行干燥时，绝缘电阻（　　），最后趋于稳定。

A. 慢慢升高　　B. 开始降低，然后升高

C. 快速升高　　D. 开始升高，然后降低

9. 直流电动机如果（　　）超过允许值，应立即停车检查。

A. 电流　　B. 电压

C. 温升　　D. 转速

三、判断题（正确的打√，错误的打 ×）

1. 直流电动机绕组对机壳的绝缘电阻必须大于 10 MΩ。（　　）
2. 直流电动机启动时要先将电枢绕组通电。（　　）
3. 直流电动机正常工作时，换向器上的火花等级不能超过 2 级。（　　）
4. 直流电动机可以采用增加磁通的方法来降低转速。（　　）
5. 直流电动机如果温升超过允许值，应立即停车检查通风系统。（　　）

四、简答题

1. 直流电动机启动前需要做哪些准备工作？直流电动机的绝缘电阻必须大于多少？

2. 简述直流他励电动机启动的步骤和停机的步骤。

3. 直流电动机定期维护的项目有哪些?

4. 直流电动机不能启动的原因可能有哪些?

5. 哪些原因会引起直流电动机出现“飞车”现象？

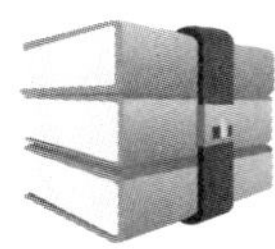

课题二　变压器的应用

任务1　认识变压器

一、填空题（将正确答案填在横线上）

1. 变压器利用________原理，可以将一种电压等级的________变为同频率的另一种电压等级的交流电。

2. 变压器的基本作用是在交流电路中变________、变________、变________、变________和电气隔离。

3. 变压器最主要的组成部分是________和________，称为器身。

4. 铁心是变压器的________部分，绕组是变压器的________部分。

5. 变压器的铁心有心式和________两类。

6. 变压器的绕组有________和交叠式两种。

7. 变压器最重要的三个额定值是：额定容量 S_N、________U_{1N}/U_{2N}和________I_{1N}/I_{2N}。

8. 变压器的额定电压 U_{2N}是一次绕组加 U_{1N}时，二次绕组的________电压。

9. 在三相变压器中，额定电压是指________。

10. 在三相变压器中，额定容量是指________容量。

二、选择题（将正确答案的序号填在括号内）

1. 电力变压器包括：升压变压器、降压变压器、（　　）、厂用变压器等。

   A. 测量变压器　　B. 功率变压器

   C. 频率变压器　　D. 配电变压器

2. 变压器根据绕组数目不同可分为（　　）、双绕组变压器、三绕组变压器和多绕组变压器。

   A. 无绕组变压器　　B. 二绕组变压器

   C. 自耦变压器　　D. 四绕组变压器

3. 变压器根据冷却方式和冷却介质不同可分为（　　）、油浸式变压器、充气式变压器等。

A. 水浸式变压器　　B. 干式变压器

C. 充电式变压器　　D. 湿式变压器

4. 变压器中与电源相连的绕组叫一次绕组、原绕组、原边或初级绕组，与负载相连的绕组叫（　　）、副绕组、副边或次级绕组。

A. 定子绕组　　B. 转子绕组

C. 二次绕组　　D. 换向绕组

5. 变压器的额定容量是指额定的（　　）。

A. 无功功率　　B. 视在功率

C. 瞬时功率　　D. 有功功率

三、判断题（正确的打√，错误的打×）

1. 变压器广泛应用于各种直流电路中，与人们的生产生活密切相关。（　　）
2. 变压器的基本作用是在交流电路中变电压、变电流、变功率、变相位等。（　　）
3. 仪用互感器是一种特殊用途的变压器。（　　）
4. 自耦变压器只有一个绕组。（　　）
5. 变压器的基本结构是定子和转子。（　　）
6. 变压器的绕组有同心式和交叉式两种。（　　）
7. 在三相变压器中，额定电流是指相电流。（　　）
8. 变压器的额定容量是指额定的有功功率。（　　）

四、简答题

1. 变压器按照用途不同可以分为哪些类型?

2. 变压器型号 S9－500/10 的含义是什么？

3. 变压器输入电流随输出电流的变化如何变化？输出电压随输入电压的变化如何变化？

五、计算题

1. 一台单相变压器，$S_N = 1\ 000$ VA，$U_{1N}/U_{2N} = 220/110$ V，求变压器的额定电流 I_{1N} 和 I_{2N}。

2. 一台三相变压器，$S_N = 3$ kVA，$U_{1N}/U_{2N} = 380/220$ V，求变压器的额定电流 I_{1N} 和 I_{2N}。

任务2　单相变压器的运行

一、填空题（将正确答案填在横线上）

1. 变压器只能传递交流电能，不能传递____________电能，也不能产生__________；变压器只能改变交流电电压或电流的大小，而不能改变________的高低。

2. 变压器一次绕组电动势与二次绕组电动势之比称为变压器的____________，用 K 表示。

3. 变压器通过改变一次绕组与二次绕组的__________之比，就可以很方便地改变输出电压的大小。

4. 变压器主磁通 Φ_m 的大小主要取决于______________的大小、______________的高低以及绕组匝数的多少。

5. 变压器一次绕组电流与二次绕组电流在相位上约差____________；在数值上与__________成反比。

6. 负载阻抗反映到电源侧的输入等效阻抗，其值扩大了________倍。

7. 在变压器基本方程式中，r_m 是反映__________大小的等效电阻；x_m 是反映________与一次绕组电动势之间关系的等效电抗。

8. 变压器的折算原则是保持______________和____________关系不变。

9. 变压器运行特性的主要指标有两个：一是效率，二是输出电压的__________。

10. 变压器二次侧输出电压随负载而变化的程度用_______________$\Delta U\%$ 来表示，$\Delta U\%$ 与____________成正比，与______________成正比，与 $\cos\varphi_2$ 有关。

11. 变压器的外特性是指一次侧电压为额定值，负载功率因数一定时，二次侧________随负载__________变化的关系曲线。

12. 变压器工作时存在两种损耗，一种是____________，另外一种是铁损耗。

13. 变压器中铜损耗的大小随负载的变化而变化，叫作____________损耗，而铁损耗的大小基本不变，称为____________损耗。

14. 变压器额定工作时的铜损耗可以通过短路试验测得，因此也称______________。

15. 当变压器的铜损耗等于____________时，效率最高。

二、选择题（将正确答案的序号填在括号内）

1. 变压器一次绕组与二次绕组的电压之比约等于（　　）之比。

A. 匝数　　B. 电阻　　C. 电流　　D. 电抗

2. 变压器的（　　）过高会引起主磁通过大，磁路饱和，烧坏变压器。

A. 输出电流　　B. 电阻　　C. 电源电压　　D. 电抗

3. 将二次绕组的参数折算到一次绕组侧时，电压乘以 K，电流除以 K，阻抗（　　）。

A. 乘以 K^2　　B. 乘以 K　　C. 除以 K^2　　D. 除以 K

4. 提高功率因数可以减小变压器的（　　），提高输出电压的稳定性。

A. 铜损耗　　B. 电压变化率　　C. 铁损耗　　D. 输出电压

5. 随着变压器负载的增大，对于纯电阻负载，端电压下降较少；对于（　　）负载，端电压却会上升。

A. 电容性　　B. 电磁性　　C. 电感性　　D. 电子性

6. 当变压器的可变损耗等于（　　）时，效率最高。

A. 铜损耗　　B. 不变损耗　　C. 磁滞损耗　　D. 涡流损耗

三、判断题（正确的打√，错误的打×）

1. 变压器能传递交流电能，也能传递直流电能。（　　）

2. 当变压器的变比 $K>1$ 时，变压器起升压作用。（　　）

3. 当变压器的绕组匝数 N_1 过少时，会引起主磁通 Φ_m 过大，磁路饱和，烧坏变压器。（　　）

4. 60 Hz 的电器用于 50 Hz 等电压的电网时，空载电流增大，只能减小容量运行。（　　）

5. 变压器既能改变阻抗的大小，又能改变阻抗的性质。（　　）

6. 变压器的 T 型等效电路不适用于空载和轻载的场合。（　　）

7. 对于电容性负载，变压器的电压变化率可能会是负值。（　　）

8. 变压器的负载从零开始增大时，效率越来越高。 (　　)

9. 变压器的输出功率为额定容量的一半左右时，效率最高。 (　　)

四、简答题

1. 变压器是通过什么原理来改变电压的？电压与对应的匝数之间有什么关系？升压变压器与降压变压器的变比有什么不同？

2. 变压器主磁通 Φ_m 的大小与哪些因素有关？为了防止变压器烧坏，必须注意哪些方面？

3. 一台额定电压为 220/110 V 的单相变压器，如果不慎将低压绕组误接到 220 V 的电源上，为什么会烧坏？为了节约铜线，是否可以把一次绕组和二次绕组的匝数分别减少一半？

4. 将一台额定频率为 60 Hz 的变压器接到 50 Hz 的电源上使用，若电压不变，则铁心中的磁通 Φ_m和空载励磁电流 I_0会发生什么变化？

5. 负载阻抗 Z_L经过一台变比为 K 的变压器反映到电源侧后，其等效阻抗 Z 扩大了多少倍？

6. 变压器折算的目的和基本原则是什么？

7. 变压器负载增大时，其输出电压如何变化？

8. 变压器电压变化率 $\Delta U\%$ 的大小与哪些因素有关?

9. 变压器工作时有哪些损耗，什么时候效率最高? 对应的负载系数 β_{m}如何确定?

10. 变压器空载和短路试验时，电源电压一般加在哪一侧比较合适?

11. 变压器的空载和短路试验可以测出哪些参数?

12. 在变压器的空载和短路试验中，电压表、电流表和功率表应怎样连接才能使测量误差最小？

13. 如何用实验的方法测定变压器的铁损耗和铜损耗？

14. 变压器短路试验时，为什么电源电压要缓慢增大？

15. 变压器负载试验时，为什么要严格保持电源电压 U_{1N} 不变？

五、计算题

1．一个喇叭的阻抗为 4 Ω，现欲用变压器变换为 256 Ω，试计算变比 K 的值。

2．一台三相变压器的额定容量 $S_N = 100$ kVA，额定电压 $U_{1N}/U_{2N} = 10\ 000/400$ V，Yyn 接法，电阻性负载，满载输出电压 $U_2 = 390$ V，$P_0 = 1$ kW，$P_k = 4$ kW，试计算变压器的变比 K，额定电流 I_{1N}/I_{2N}，电压变化率 $\Delta U_N\%$，最高效率的负载系数 β_m，最高效率 η_m，额定效率 η_N。

六、作图题

1. 画出变压器的 T 型等效电路图，写出各个电阻的名称。

2. 画出变压器的简化等效电路图，以及电感性负载的相量图。

任务3　三相变压器的应用

一、填空题（将正确答案填在横线上）

1. 三相变压器组的磁路特点是三相磁通______________，各有自己单独的回路。如果外加电压是三相对称的，三个铁心的材料和尺寸完全一样，三相磁路的磁阻相等，则三相空载电流是____________的。

2. 三相心式变压器的磁路是不完全对称的，中间相的磁路__________，相应的空载电流也小一些，带负载能力____________。

3. 三相变压器的一次绕组和二次绕组可以是星形接法，也可以是____________接法。

4. 变压器按照一次绕组与二次绕组对应线电动势的相位关系，把绕组的连接种类分成各种不同的组合，称为____________。

5. 国际上规定把变压器的连接组采用____________表示。

6. 单相变压器的连接组别有两种__________和__________，国家标准规定，单相变压器只能采用一种连接组别__________。

7. 国家标准规定，三相变压器的一次绕组星形接法用字母________表示，有中线时用字母________表示，三角形接法用字母________表示。

8. 三相绕组星形连接时，其相电动势的相量图是Y形的，而三角形连接时，相电动势的相量图是一个______________。

9. 国家标准规定，三相电力变压器只能采用以下五种连接组别：________、________、YNd11、YNy0 和____________。

10. Yyn0 连接组主要用于容量不大的三相电力变压器，二次绕组电压为________V，以供给动力和照明的混合负载。

11. Yy0 连接组标号的三相变压器专门为____________负载供电。

12. 变压器并联运行的优点是：提高____________的可靠性，提高工作效率，减少____________和初次投资。

13. 变压器理想并联运行的条件是：各变压器的输入/输出________相等，________相同，短路电压相等。

14. 实际的变压器并联运行中，变比误差在__________以内是允许的，但短路电压的误差不能超过____________，只有变压器的连接组别一定要__________。

二、选择题（将正确答案的序号填在括号内）

1. 三相变压器组常用于（　　）变压器中。

A. 直流电　　B. 大容量

C. 高频率　　D. 小容量

2. 三相变压器在实际使用过程中，往往将较大的负载接在（　　）这一相电路中。

A. 左边　　B. 右边

C. 中间　　D. 高压

3. 变压器的连接组采用时钟法表示，一次绕组线电动势的相量作为（　　），并且始终指向“12”。

A. 矢量　　B. 时针

C. 秒针　　D. 分针

4. 任一瞬时，当磁通交变时，一次绕组产生的电动势在一个端点为正，二次绕组产生的电动势也有一个端点为正，这两个对应的同极性端点称为（　　）。

A. 接线端　　B. 同名端

C. 功率端　　D. 异名端

5. 变压器二次绕组星形接法用 y 表示，有中线时用（　　）表示。

A. YN0　　B. yn

C. yn0　　D. y0

6. 三相变压器确定连接组的方法是比较一次绕组与二次绕组线电动势的相位关系，用（　　）表示。

A. 时钟法　　B. 电压法

C. 矢量法　　D. 电阻法

7. Yy 接法三相变压器的连接组标号共有（　　）偶数。

A. 10 个　　B. 6 个

C. 20 个　　D. 12 个

8. Dy 接法和 Yd 接法的三相变压器一样，连接组标号为 6 个（　　）。

A. 奇数　　B. 双数

C. 偶数　　D. 质数

9. 国家标准规定，单相电力变压器只有一个标准连接组为（　　）。

A. Ii0　　B. Ii10

C. Ii12　　D. Ii6

10. 变压器理想并联运行时，各变压器之间无（　　）。

A. 磁通　　B. 环流

C. 功率　　D. 电压

11. 变压器理想并联运行时，各变压器所分担的负载电流与它们的（　　）成正比。

A. 电压　　B. 电阻

C. 容量　　D. 匝数

三、判断题（正确的打√，错误的打×）

1. 三相心式变压器的三相空载电流是对称的。　（　　）
2. Yd11 是三相电力变压器的标准连接组之一。　（　　）
3. 变压器理想并联运行的条件之一是各变压器的短路电流相等。　（　　）
4. 在并联运行的各台变压器中，最大容量与最小容量之比不宜超过 5∶1。　（　　）

四、简答题

1. 什么叫三相变压器组？什么叫三相心式变压器？相应的空载电流有什么特点？

2. 变压器中的两个绕组串联或并联时，其同名端应该分别如何相连？

3. 国家标准规定，单相、三相电力变压器分别有哪几种连接组别？分别用于什么场合？

4. 变压器并联运行有什么优缺点？应具备哪些条件？

5. 如何测试单相变压器一次绕组和二次绕组的同名端？

6. 如何测试三相变压器的连接组别？

7. 连接三相变压器三相绕组时，如果同名端或首末端接错，有什么危险？

五、作图题

1. 画出三相变压器 Yyn4 连接组的三相绕组接线图和相量图。

2. 画出三相变压器 YNd5 连接组的三相绕组接线图和相量图。

任务4 特种变压器的应用

一、填空题（将正确答案填在横线上）

1. 自耦变压器的一次绕组与二次绕组共用______________。
2. 自耦变压器的一次绕组与二次绕组之间不仅有磁的耦合，电路还______________。
3. 自耦变压器改变绕组的____________，就可以在输出端得到所需的电压。
4. ____________功率是自耦变压器中所特有的。
5. 自耦变压器不能用作______________变压器。
6. 电压互感器相当于一台小型的______________变压器。
7. 一般电压互感器二次绕组的额定电压为____________ V。
8. 电压互感器二次绕组绝不允许____________。
9. 电流互感器相当于一台小型______________运行的变压器。
10. 一般电流互感器二次绕组的额定电流为________A。
11. 电流互感器工作时二次绕组不许__________。
12. 钳形电流表实际上就是______________与电流表的组合。
13. 交流电焊机实质上就是一台具有特殊__________________的降压变压器。
14. 电焊变压器空载时的输出电压为____________ V。
15. 电焊变压器的______________能在一定的范围内可调。
16. 常用的电焊变压器按结构不同可分为________________式和串联可变电抗器式两类。

二、选择题（将正确答案的序号填在括号内）

1. 把自耦变压器绕组的中间抽头做成滑动触头则可以构成（　　）。

A. 自耦发电机　　　　B. 自耦降压器

C. 自耦升压器　　　　D. 自耦调压器

2. 电压互感器的一次绕组匝数 N_1（　　）二次绕组匝数 N_2。

A. 大于　　　　B. 等于

C. 小于　　　　D. 不等于

3. 电压互感器的铁心和二次绕组的一端必须（　　）。

A. 绝缘　　　　B. 可靠接地

C. 冷却　　　　D. 接熔断器

4. 电流互感器的二次绕组回路（　　）的电流线圈阻抗值不得超过允许值。

A. 并联　　　　B. 复联

C. 串联　　　　D. 自身

5. 电焊变压器焊接时，应具有电压（　　）的外特性。

A. 缓慢上升　　　　B. 迅速上升

C. 缓慢下降　　　　D. 迅速下降

三、判断题（正确的打√，错误的打×）

1. 自耦变压器具有电气隔离的作用。（　　）
2. 自耦变压器的输入/输出电流与匝数成正比。（　　）
3. 自耦变压器的输出功率全部由电磁感应传递。（　　）
4. 自耦变压器的优点之一是安全性能好。（　　）
5. 电压互感器的二次绕组绝不允许开路。（　　）
6. 电流互感器二次绕组的一端和铁心必须可靠接地。（　　）
7. 电焊变压器的短路电流不大。（　　）
8. 通常将改变磁分路结构电焊变压器二次绕组抽头位置的方法称为粗调。（　　）

四、简答题

1. 自耦变压器有什么特点？

2. 使用互感器测量的优点有哪些？

3. 电压互感器运行时，为什么二次绕组不许短路？

4. 电流互感器运行时，为什么二次绕组不许开路？

5. 电焊变压器有哪些性能特点？

五、计算题

1. 一台单相自耦变压器数据如下：$U_1 = 220$ V，$U_2 = 180$ V，$\cos\varphi = 1$，$I_2 = 400$ A，试计算输入电流 I_1 和公共绕组中的电流 I，输出视在功率 S_2、电磁功率 U_2I 和传导功率 U_2I_1。

2. 用电压变比 $K_u = 60$ 的电压互感器来扩大 100 V 电压表的量程，其电压表读数为 86 V，求被测电路的实际电压。

3. 用电流变比 $K_i = 40$ 的电流互感器来扩大 5 A 电流表的量程，其电流表读数为 3.6 A，求被测电路的实际电流。

任务 5　变压器的维护与故障分析处理

一、填空题（将正确答案填在横线上）

1. 如果变压器工作时发出尖锐声音，说明电源电压____________。

2. 油浸式变压器上层油的温度一般不应该超过 __________ ℃。

3. 变压器绕组的故障最多，占变压器故障的______________。

4. 变压器绕组故障主要有匝间（或层间）__________、对地__________和线圈相间短路等。

5. 变压器的铁心故障主要有铁心片间__________损坏、铁心片局部__________或局部熔毁、硅钢片有不正常的____________或噪声等。

二、选择题（将正确答案的序号填在括号内）

1. 变压器的正常音响应是均匀的（　　）声。

   A. 啪啪　　　　B. 吱吱

   C. 哗哗　　　　D. 嗡嗡

2. 油浸式变压器上层油的温度最高不能超过（　　）。

   A. 95 ℃　　　　B. 100 ℃

   C. 85 ℃　　　　D. 110 ℃

3. 变压器油正常时应为透明略带（　　）。

A. 深红色　　B. 浅蓝色

C. 浅黄色　　D. 深黄色

4. 变压器常见的故障主要有绕组故障、铁心故障及（　　）、瓷套管故障等。

A. 高压开关　　B. 换向器

C. 低压开关　　D. 分接开关

三、判断题（正确的打√，错误的打×）

1. 如果变压器工作时发出尖锐声音，说明变压器过负荷。（　　）
2. 油浸式变压器上层油的温度一般不应该超过 95 ℃。（　　）
3. 变压器油正常时应为浅蓝色。（　　）
4. 变压器常见的故障主要有铁心故障及分接开关故障等。（　　）

四、简答题

1. 变压器维护过程中需要检查的项目有哪些？

2. 油浸式变压器中，上层油的油温正常范围是多少？导致油温过高的原因可能是什么？

3. 变压器绕组发生短路的故障现象有哪些？可能的原因是什么？

4. 变压器绕组对地短路会发生什么现象？造成短路的原因有哪些？

5. 变压器的分接开关会出现哪些故障？如何排除？

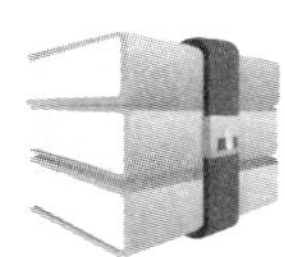

课题三　交流电机的应用

任务1　认识三相异步电动机

一、填空题（将正确答案填在横线上）

1. 三相异步电动机具有__________、__________、价格低廉、维护方便、效率较高、体积小、质量轻等一系列优点。

2. 三相异步电动机的缺点是__________较低，启动和________性能不如直流电动机。

3. 三相异步电动机的结构由两个基本部分组成，一是定子，二是________。

4. 三相异步电动机的定子由机座、__________、__________和端盖等组成。

5. 三相异步电动机的定子绕组可以接成星形或________。

6. 三相异步电动机的转子由转子铁心、__________、________和风扇等组成。

7. 异步电动机的转子绕组有笼型和__________两种结构。

8. 一般功率在______ kW 及以下的电动机为星形接法，______ kW 及以上的电动机为三角形接法。

9. 额定功率是指额定负载运行时，电动机轴上输出的________功率。

10. 异步电动机常用的工作方式有三种：连续工作方式，短时工作方式和________。

11. 我国生产的三相异步电动机种类很多，最常用的是______系列。

12. 三相电动机正常工作于电动状态时，由于转子转速不等于同步转速，所以把这种电动机称为________电动机。

13. 转差率反映了转子导体切割磁力线的________占旋转磁场转速的比例关系。

14. 通常异步电动机在额定负载时，n_N接近于n_1，转差率s约为__________。

15. 将三相对称交流电通入三相对称绕组中，会产生________磁场；磁场的转向取决于__________，任意调换____________即可改变转向；磁场的转速（即同步转速）n_1与电源的频率________，而与磁极对数__________。

16. 单层绕组常用于________ kW 以下的小型异步电动机中。

17. 单层绕组可分为同心式、________和________三种。

18. 单层绕组的优点是__________少、嵌线方便、不需________绝缘、槽利用率高。

19. 双层绕组可分为__________和__________两大类。

二、选择题（将正确答案的序号填在括号内）

1. 三相异步电动机铭牌上标有符号Y/△和数字 380/220 V，表示电源线电压为 380 V 时，电动机三相绕组应采用（　　）。

A. △接法　　B. △N 接法

C. Y接法　　D. YN 接法

2. 绕线型转子的绕组与定子绕组相似，作（　　）连接。

A. △接法　　B. △N 接法

C. Y接法　　D. YN 接法

3. 三相异步电动机额定功率与额定电压、额定电流之间的关系是（　　）。

A. $P_N = U_N I_N$　　B. $P_N = \sqrt{3} U_N I_N$

C. $P_N = \sqrt{3} U_N I_N \cos\varphi$　　D. $P_N = \sqrt{3} U_N I_N \eta_N \cos\varphi$

4. 异步电动机的转差率随转速的升高而（　　）。

A. 减小　　B. 变负

C. 变大　　D. 变正

5. 三相异步电动机转子中的电流是感应出来的，所以又称为（　　）电动机。

A. 电流　　B. 电感

C. 转差　　D. 感应

6. 三相异步电动机转子中的电流 i_2 也是交流电，其大小和频率都与转差率 s（　　）。

A. 成正比　　B. 无关

C. 成反比　　D. 相反

7. 三相异步电动机中存在（　　）磁场。

A. 脉动　　B. 电磁

C. 旋转　　D. 永久

8. 三相异步电动机改变旋转磁场方向的方法是（　　）。

A. 调换正负极　　B. 任意调换两根电源线

C. 改变频率　　D. 任意调换三根电源线

9. 一台三相六极异步电动机，电源频率为 50 Hz，其同步转速是（　　）。

A. 3 000 r/min　　B. 1 500 r/min

C. 1 000 r/min　　D. 750 r/min

10. 三相对称绕组在空间位置上分别相差（　　）电角度。

A. 120°　　B. 90°

C. 180°　　D. 100°

11. 电角度等于机械角度与（　　）的乘积。

A. 2π　　B. 磁极个数

C. 电源相数　　　　D. 磁极对数

12. (　　) 绕组一般用于 $q=4$ 的小型二极异步电动机中。

A. 同心式　　　　B. 链式

C. 交叉式　　　　D. 单波

13. (　　) 绕组一般用于 $q=2$ 的小型三相异步电动机中。

A. 同心式　　　　B. 链式

C. 交叉式　　　　D. 单波

14. 绕线式三相异步电动机的转子绕组一般采用 (　　)。

A. 同心式　　　　B. 叠绕组

C. 交叠式　　　　D. 波绕组

三、判断题（正确的打√，错误的打×）

1. 三相异步电动机的优点是功率因数高，启动和调速性能好。 (　　)

2. 三相电动机的定子由机座、定子铁心、定子绕组和换向器等组成。 (　　)

3. 如果电源的线电压等于电动机的额定相电压，则绕组应该接成星形。 (　　)

4. 绕线型三相异步电动机的转子绕组可以通过电刷与外电路的可变电阻相连，用于启动或调速。 (　　)

5. 绕线型三相异步电动机结构简单，价格低廉。 (　　)

6. 一般功率在 3 kW 及以下的三相异步电动机为△接法。 (　　)

7. 额定电压是指电动机在正常运行时加到定子绕组上的相电压。 (　　)

8. 三相异步电动机的转子电流是由电刷引入的。 (　　)

9. 异步电动机在额定负载时，转差率 s 很小，为 0.15 ~ 0.6。 (　　)

10. 旋转磁场的转向取决于电流的相序，任意调换电源线的正负极即可改变转向。 (　　)

11. 三相四极异步电动机，额定频率 50 Hz，旋转磁场的转速为 1 000 r/min。 (　　)

12. 单层绕组的线圈数只有槽数的一半，制造方便，故常用于大型异步电动机中。 (　　)

四、简答题

1. 简述三相异步电动机型号 Y112S－2 的含义。

2. 简述三相异步电动机名称中，“异步”“感应”的含义。

3. 三相异步电动机产生旋转磁场的条件是什么？旋转磁场的转向和转速由哪些因素决定？

4. 三相单层绕组有什么特点？有哪几种形式？分别用于什么场合？三相双层绕组有什么特点？有哪几种形式？分别用于什么场合？

五、计算题

1. 有一台三相四极异步电动机，电源频率为 50 Hz，带额定负载运行时的转差率 $s_N = 0.03$，求电动机的同步转速 n_1 和额定转速 n_N。

2. 两台三相异步电动机的电源频率为 50 Hz，额定转速分别为 1 440 r/min 和 2 910 r/min，试问它们的磁极数分别是多少？额定转差率分别是多少？

3. 一台三相异步电动机 $P_N = 30$ kW，$U_N = 380$ V，$\cos\varphi = 0.86$，$\eta = 0.91$，试计算电动机的输入功率 P_1 和额定电流 I_N。

4. 某三相异步电动机的铭牌数据为：$P_N = 2.8$ kW、△/Y接法、$U_N = 220/380$ V、$I_N = 10.9/6.3$ A、$n_N = 1\ 370$ r/min、$f_1 = 50$ Hz、$\cos\varphi = 0.84$。试计算：（1）额定效率 η_N；（2）额定转矩 T_N；（3）额定转差率 s_N；（4）电动机的极数 $2p$。

六、作图题

1. 绘制三相四极 24 槽异步电动机完整的定子单层绕组。

2. 绘制三相四极 36 槽异步电动机定子双层绕组的 U 相。

任务2　三相异步电动机的运行

一、填空题（将正确答案填在横线上）

1. 三相异步电动机的励磁阻抗中，r_m是反映____________的等效电阻，x_m是与主磁通Φ_m相对应的______________。

2. 分析三相异步电动机空载时的电压方程式，k_{w1}表示的是每相绕组由于__________、____________等原因引起电动势减小的绕组系数。

3. 中小型三相异步电动机的空载电流为额定电流的______________。

4. 转子合成旋转磁场的转向与定子旋转磁场的转向____________，无论三相异步电动机的转速如何变化，定子、转子的磁场总是相对__________的。

5. 三相异步电动机的等值电路，除了要进行转子绕组的折算外，还要进行转子__________的折算。

6. 三相异步电动机的等效负载电阻可表示为$\frac{1-s}{s}r_2$，它反映的是异步电动机由机电能量转换产生的________________。

7. 当三相异步电动机的电磁功率一定时，转差率s越小，转子铜损耗越________，机械功率越________，效率越________。

8. 三相异步电动机空载时，随着负载的增加，转速n会______________，定子电流I_1会______________，功率因数会逐渐____________，但超过额定负载后，功率因数会呈现__________趋势；η开始时______________，负载较重后反而会有所减小。

二、选择题（将正确答案的序号填在括号内）

1. 转子旋转磁场在空间的旋转速度（即相对于定子的速度）为（　　）。

A. n　　B. n_1

C. sn_1　　D. n_2

2. 三相异步电动机转子堵转时：$n=0$，$s=1$，$\frac{1-s}{s}r_2'=0$，相当于变压器二次侧（　　）。

A. 短路　　B. 接地

C. 开路　　D. 接零

3. 三相异步电动机运行时，电磁功率P_M、转子铜损耗P_{Cu2}和机械功率P_m三者之间存在（　　）关系。

A. $P_M : P_{Cu2} : P_m = (1-s) : s : 1$　　B. $P_M : P_{Cu2} : P_m = s : (1-s) : 1$

C. $P_M : P_{Cu2} : P_m = 1 : s : (1-s)$　　D. $P_M : P_{Cu2} : P_m = 1 : (1-s) : s$

4. 三相异步电动机在其额定负载的（　　）运行时，其功率因数和效率都比较高。

A. 70% ~100%　　B. 90% ~110%

C. 30% ~50%　　D. 50% ~70%

三、判断题（正确的打√，错误的打×）

1. 三相异步电动机中 r_m 表示的是铁心的电阻，可用万用表测出。（　　）
2. k_{w1} 是每相绕组由于短距、分布等原因引起的绕组系数，有时会大于 1。（　　）
3. 转子绕组中感应出的电动势和电流频率与转速成正比。（　　）
4. 三相异步电动机的等值电路中，$\frac{1-s}{s}r_2$ 表示的是外接负载电阻。（　　）
5. 三相异步电动机的输出功率越大，功率因数越高。（　　）
6. 三相异步电动机的铜损耗等于空载损耗（铁损和机械损耗）时效率最高。（　　）

四、简答题

1. 转子绕组中感应电动势频率与转差率有什么关系？

2. 试画出三相异步电动机的 T 形等值电路，电路中各个电阻分别反映什么功率？

3. 三相异步电动机中有哪些功率和损耗？什么情况下效率最高？

4. 三相异步电动机的工作特性包括哪些?

5. 三相异步电动机空载和短路试验的目的是什么?能测出哪些参数?

任务3 三相异步电动机的调速

一、填空题(将正确答案填在横线上)

1. 三相异步电动机的电磁转矩是由转子电流的__________与旋转磁场的__________相互作用而产生的。

2. 三相异步电动机的转矩特性显示,s 较小时,T 与 s 成__________,s 较大时,T 与 s 成__________。

3. 电源电压的变化对三相异步电动机的工作情况影响很大,电磁转矩 T 与________成正比。

4. 最大转矩 T_m 也称临界转矩,对应于 T_m 的 s_m 称为______________。

5. 三相异步电动机的机械特性可以分为两个区，上部为稳定运行区，下部为不稳定区，以______________为界。

6. 三相异步电动机通常用最大转矩 T_m 与额定转矩 T_N 的比值 λ_m 来表示过载能力。一般三相异步电动机的过载能力 $\lambda_m=$ ______________。

7. 三相异步电动机的最大转矩 T_m 与 U_1^2 __________，临界转差率 s_m 与 U_1 __________。

8. 三相异步电动机的 T_m 与 r_2 __________，s_m 与 r_2 _________________。

9. 三相异步电动机的启动能力常用启动转矩与____________的比值 $\lambda_{st}=T_{st}/T_N$ 来表示。一般笼型电动机的起动能力 $\lambda_{st}=$ ____________。

10. 改变电动机的参数，如____________、______________或转子电路中串入附加电阻等，可以获得电动机的人为机械特性。

11. 三相异步电动机的调速方法可以分为以下三大类：____________、____________和变转差率调速。

12. 改变半相绕组的电流方向，使磁极对数____________，从而使转速__________，这就是变极调速的调速原理。

13. 多速电动机中典型的变极方法有两种：一种是____________________，另一种是_________________。

14. 多速电动机为了使变极前后维持原来的转向不变，就必须在变极的同时，改变________________的相序。

15. 三相异步电动机降低电源频率时，必须同时降低____________，使气隙磁通基本不变。

16. 三相异步电动机变压变频调速时的机械特性曲线在运行段是一组______________的曲线。

17. 保持 U_1 为常数的恒压升频调速近似为____________调速方式。

18. 绕线型异步电动机转子串电阻调速时，转子电路串接的电阻越大，则转速________。

19. 三相异步电动机降压调速的优点是______________，对于通风机型负载，调速范围较大。缺点是对于常见的____________负载，调速范围很小，实用价值不大。

二、选择题（将正确答案的序号填在括号内）

1. 三相异步电动机的转矩特性是（　　）。

A. $T=f(s)$ 曲线　　B. $T=f(n)$ 曲线

C. $s=f(T)$ 曲线　　D. $n=f(T)$ 曲线

2. 三相异步电动机的电磁转矩 T 与（　　）成正比。

A. U_1　　B. U_1^2

C. s　　D. n

3. 三相异步电动机（　　）时，可能会烧坏电机。

A. 电流过小　　B. 电压过低

C. 负载过小　　D. 温度过低

4. 三相异步电动机的机械特性以（　　）为分界线，分成稳定区和不稳定区。

A. s_m　　B. s_N

C. s_0　　D. s_1

5. 三相异步电动机的最大转矩 T_m 与（　　）无关。

A. r_1　　B. U_1

C. f_1　　D. r_2

6. 三相异步电动机的最大转矩 T_m 与（　　）。

A. f_1^2成反比　　B. f_1^2成正比

C. f_1成正比　　D. f_1成反比

7. 三相异步电动机的降压调速属于（　　）。

A. 变极调速　　B. 变频调速

C. 变转差率调速　　D. 变流调速

8. 三相异步电动机变极调速的原理是改变（　　）的电流方向，使磁极对数减少一半，从而使转速上升一倍。

A. 一相绕组　　B. 两相绕组

C. 三相绕组　　D. 半相绕组

9. 三相电动机降低电源频率调速时，通常采用（　　）的方法。

A. 变压恒频　　B. 恒压变频

C. 变流变频　　D. 变压变频

10. 下列调速不属于变转差率调速方法的是（　　）。

A. 转子串电阻　　B. 转子串电动势

C. 降低频率　　D. 降低电源电压

11. 降低电源电压调速适用于（　　）负载。

A. 恒功率　　B. 恒转矩

C. 恒转速　　D. 通风机型

三、判断题（正确的打√，错误的打×）

1. 三相异步电动机的电磁转矩 T 与转子电流 I_2成正比。（　　）

2. 三相异步电动机的电磁转矩 T 与转差率 s 成正比。（　　）

3. 三相异步电动机的电磁转矩 T 与电源电压 U_1成正比。（　　）

4. 三相异步电动机的机械特性曲线上，最大转矩是稳定区与不稳定区的分界点。（　　）

5. 三相异步电动机的最大转矩 T_m与 U_1成正比，临界转差率 s_m与 U_1无关。（　　）

6. 国产 YD 系列双速电机采用△/YY接法，属于恒转矩调速方式。（　　）

7. 三相异步电动机变频升高转速时，必须同时升高电源电压。（　　）

8. 变频调速的调速范围大，平滑性好，机械特性硬，效率高，可以实现无级调速。（　　）

四、简答题

1. 三相异步电动机既然有最大转矩 T_m，为什么不在 T_m 或接近 T_m 处运行？

2. 电源电压低于额定电压或超过额定电压时，对三相异步电动机的运行会产生什么影响？

3. 三相异步电动机变极调速的原理是什么？有什么注意事项？

4. 三相异步电动机变频调速时，为什么要保持 U_1/f_1 为常数？而 $U_1 > U_N$ 时，为什么 U_1 不能升高？

5. 三相异步电动机变频调速有什么特点？

6. 三相异步电动机变转差率调速有哪几种方法？分别有什么特点？

五、计算题

1. 一台三相异步电动机，其电源频率为50 Hz，额定转速为1 430 r/min，额定功率为3 kW，最大转矩为40 N·m，启动转矩为30 N·m，求电动机的过载能力λ_m和启动能力λ_{st}。

2. 一台双速异步电动机，采用△/YY接法，额定转速为1 430/2 860 r/min，额定功率为3 kW，求电动机的额定转矩。

六、作图题

1. 一台三相异步电动机的额定转速为1 470 r/min，额定功率为30 kW，T_{st}/T_N和T_m/T_N分别为2.0和2.2，试画出它的机械特性。

2. 画出三相异步电动机变频调速的机械特性。

任务4 三相异步电动机的启动、反转和制动

一、填空题（将正确答案填在横线上）

1. 三相异步电动机的启动电流____________，启动转矩____________。

2. 三相异步电动机常用的启动方法有____________，____________，____________，____________，____________，____________，____________。

3. 三相异步电动机容量在____________ kW 以下的，一般都采用全压启动，又称直接启动。

4. 三相异步电动机常用的减压启动方法有____________，____________，____________。

5. 三相异步电动机Y－△启动时的启动电流是△接法全压启动电流的____________，启动转矩也减小为全压启动时的____________。

6. 三相异步电动机Y－△启动只适用于正常工作时____________接法的电动机。

7. 三相异步电动机采用自耦变压器减压启动时，若电动机定子电压为全压启动电压的 $1/K$，则自耦变压器一次侧的电流降低为全压启动时的____________，启动转矩降低为全压启动时的____________。

8. 三相异步电动机最理想的启动方法是____________启动。

9. 三相异步电动机既要限制启动电流，又要重载启动的场合，可以采用____________启动。

10. 三相异步电动机转子串频敏变阻器启动只适用于____________型电动机。

11. 将转子串频敏变阻器启动的原理应用于三相笼型异步电动机，就形成了启动性能较好的____________和____________异步电动机。

12. 三相异步电动机大容量轻载的场合，应选用____________启动方法。

13. 三相异步电动机改变转向的方法是____________。

14. 三相异步电动机的反接制动分为____________制动和____________制动两种。

15. 三相异步电动机的____________制动，一般用于要求迅速反转的场合。

16. 三相异步电动机的____________制动，常用于起重机低速下放重物的场合。

17. 三相异步电动机的____________制动，一般用于要求迅速平稳停车的场合。

18. 三相异步电动机的回馈制动又称____________制动或____________制动，特点是电动机的转速 n ____________旋转磁场的转速 n_1。

二、选择题（将正确答案的序号填在括号内）

1. 三相异步电动机全压启动的优点是（　　）。

A. 启动电流小　　B. 启动时间短

C. 启动转矩小　　D. 启动转矩大

2. 三相异步电动机的减压启动只适用于（　　）的情况下启动。

A. 过载　　B. 重载

C. 空载　　D. 额定负载

3. 三相异步电动机自耦变压器减压启动的优点是启动电压（　　）。

A. 连续升高　　B. 大于额定电压

C. 等于额定电压　　D. 可按需要选择

4. 三相异步电动机晶闸管减压软启动的优点是启动电压（　　）。

A. 连续升高　　B. 大于额定电压

C. 等于额定电压　　D. 很低

5. 三相异步电动机变频启动的优点是（　　）。

A. 成本低　　B. 软启动

C. 设备少　　D. 硬启动

6. 三相异步电动机转子串电阻启动适用于（　　）电动机重载启动。

A. 双笼型　　B. 永磁式

C. 绕线型　　D. 步进式

7. 深槽式和双笼型异步电动机的启动电流小，启动（　　）。

A. 电压低　　B. 转矩小

C. 功率小　　D. 转矩大

8. 三相异步电动机电源反接制动的特点是制动（　　）。

A. 功率小　　B. 转矩小

C. 电流小　　D. 转矩大

三、判断题（正确的打√，错误的打×）

1. 容量在 10 kW 以上的三相异步电动机一定不能全压启动。 (　　)
2. 三相异步电动机Y－△启动也适用于正常工作Y接法的电动机。 (　　)
3. 三相异步电动机自耦变压器减压启动的优点之一是启动电压可选。 (　　)
4. 三相异步电动机变频启动是最理想的启动方法。 (　　)
5. 绕线型异步电动机转子串电阻启动既能减小启动电流，又能增大启动转矩。 (　　)
6. 绕线型异步电动机转子串频敏变阻器启动的控制过程较为复杂。 (　　)
7. 大容量重载的三相异步电动机只能采用全压启动。 (　　)
8. 三相异步电动机改变转向的方法是任意调换三根电源线。 (　　)
9. 三相异步电动机能耗制动是最费电的制动方法。 (　　)
10. 三相异步电动机回馈制动是最节能的制动方法。 (　　)

四、简答题

1. 三相异步电动机在什么情况下可以全压启动?

2. 三相异步电动机Y－△启动有什么特点?

3. 三相绕线转子异步电动机有哪几种启动方法?

4. 大容量三相异步电动机轻载启动可选用什么启动方法?

5. 大容量三相异步电动机重载启动可选用什么启动方法?

任务5　三相异步电动机的使用、维护和检修

一、填空题（将正确答案填在横线上）

1. 三相异步电动机平时应注意保持清洁，存放在________处，不要让它__________。

2. 用兆欧表检查电动机的绝缘电阻时，冷态绝缘电阻一般应不小于__________MΩ。

3. 三相异步电动机的电源电压波动不能超出额定值的 +__________或 -__________。

4. 三相异步电动机合闸后，若电动机不运转，应迅速、果断地____________，以免烧坏电机。

5. 三相笼型异步电动机采用全压启动时，短时间内连续启动的次数不宜__________。

6. 三相绕线转子异步电动机启动前，应注意检查____________是否接入。

7. 几台电动机由同一台变压器供电时，不能同时启动，应__________逐台启动。

8. 对运行中的电动机，若闻到焦煳味或看到冒烟，必须立即______________。

9. 三相异步电动机应立即停机处理的严重故障情况有__________；__________；______________；______________；____________________________。

10. 三相异步电动机定期维修是消除____________、防止__________的重要措施。

11. 三相异步电动机定期小修的内容包括：清擦电动机外壳的_________，测量电动机的_______电阻，检查电动机接地线是否_________，检查传动装置是否_________，检查润滑介质是否_______，检查启动和保护设备是否_________。

12. 三相异步电动机定期大修的主要内容包括：检查电动机各部件有无_________；清除电动机和启动设备内部的所有_________；把轴承浸在_________或_________中彻底清洗，更换轴承润滑油，润滑油加入量应占轴承内容积的_________；检查定子绕组是否__________；检查定子、转子铁心有无_______。

13. 三相异步电动机不能启动的原因可能是定子绕组中有_________。

14. 三相异步电动机接通电源后熔丝立即熔断，原因可能是定子电路中有_________。

15. 三相异步电动机加上负载后转速明显下降，原因可能是转子导体有__________。

16. 三相异步电动机运行时有较大嗡嗡声，原因可能是定子绕组有一相__________。

17. 三相异步电动机外壳带电，原因可能是绝缘损坏，__________。

二、选择题（将正确答案的序号填在括号内）

1. 三相异步电动机启动后，应注意观察，若有异常情况，应立即（　　）。

   A. 减负载　　B. 降压

   C. 停机　　D. 限流

2. 检查电动机接地线是否可靠属于（　　）。

   A. 中修　　B. 大修

   C. 返修　　D. 小修

3. 拆下轴承盖，检查润滑介质是否变脏、干涸属于电动机（　　）。

   A. 中修　　B. 大修

   C. 返修　　D. 小修

4. 拆下轴承，浸在汽油或柴油中彻底清洗属于电动机（　　）。

   A. 中修　　B. 大修

   C. 返修　　D. 小修

5. 检查定子绕组是否存在故障属于电动机（　　）。

   A. 中修　　B. 大修

   C. 返修　　D. 小修

6. 三相笼型异步电动机的故障多发生于（　　）。

   A. 接线盒　　B. 转子电路

   C. 电容器　　D. 定子电路

7. 三相异步电动机启动时熔丝立即熔断的原因可能是（　　）。

A. 容量过大　　B. 应该△连接的电动机错接成Y

C. 负载过小　　D. 应该Y连接的电动机错接成△

8. 三相异步电动机加上负载后转速明显降低的原因可能是（　　）。

A. 容量过大　　B. 应该△连接的电动机错接成Y

C. 负载过小　　D. 应该Y连接的电动机错接成△

9. 三相异步电动机温度过高的原因可能是（　　）。

A. 容量过大　　B. 电动机过载

C. 负载过小　　D. 电动机轻载

10. 三相异步电动机外壳带电的原因可能是（　　）。

A. 接地不良　　B. 电压过高

C. 负载过小　　D. 电流过大

三、判断题（正确的打√，错误的打×）

1. 三相异步电动机的冷态绝缘电阻一般应不小于0.5 MΩ。（　　）
2. 三相异步电动机的电源电压波动不能超出额定值的+10%或−15%。（　　）
3. 绕线转子异步电动机启动前，应注意检查启动电阻是否接入。（　　）
4. 电动机轴承发热严重时应立即降低电压。（　　）
5. 三相异步电动机小修不拆开电动机，大修需把电动机全部拆开。（　　）
6. 三相异步电动机测量绝缘电阻后要注意重新接好线，拧紧接线螺钉。（　　）
7. 三相异步电动机大修时，润滑油应从轴承两侧同时加入。（　　）
8. 三相异步电动机使用兆欧表测量绕组绝缘电阻可判断绕组是否受潮。（　　）
9. 三相异步电动机电源缺相时不能启动。（　　）
10. 三相异步电动机电源缺相时能继续转动。（　　）
11. 三相异步电动机绕组受潮时会引起外壳带电。（　　）

四、简答题

1. 三相异步电动机启动前的准备工作有哪些？

2. 三相异步电动机启动过程中有哪些注意事项？

3. 三相异步电动机运行过程中要注意观察哪些情况？

4. 三相异步电动机不能启动的原因可能有哪些？应如何处理？

5. 三相异步电动机转速不正常的原因可能有哪些？应如何处理？

6. 三相异步电动机工作时温升过高的原因可能有哪些？应如何处理？

7. 三相异步电动机绝缘电阻过小的原因可能有哪些？应如何处理？

任务6　单相异步电动机的应用

一、填空题（将正确答案填在横线上）

1. 当单相正弦交流电通入定子单相绕组时，在绕组轴线方向上会产生________磁场。

2. 脉动磁场可以分解为__________、__________的两个旋转磁场。

3. 单相异步电动机的启动转矩为________，转向取决于________的方向，理想空载转速 n_0 小于____________的转速 n_1。

4. 单相异步电动机根据分相的方法不同，可分为：单相__________异步电动机、单相____________异步电动机、单相____________异步电动机、单相____________异步电动机、单相__________电动机等。

5. 单相电阻启动异步电动机的启动绕组匝数________、导线________；工作绕组匝数________、导线________。启动绕组电流 $\dot{I}_2$ __________于工作绕组电流 $\dot{I}_1$ 一个电角度。

6. 单相电容启动异步电动机的启动绕组线径较细，不能____________工作。

7. 单相电容运行异步电动机的启动绕组和________不仅在启动时起作用，运行时也起作用。

8. 单相电容启动与运行异步电动机在启动绕组的回路中串入________个并联的电容器，其中容量较大的电容器串一个启动开关。

9. 单相罩极式异步电动机的转向只能由__________向__________旋转。

10. 单相异步电动机的反转方法是，将工作绕组或启动绕组的________对调；将电容器从一个绕组________到另一个绕组。

11. 单相异步电动机的降压调速方法有______________调速，______________调速、______________调速。

二、选择题（将正确答案的序号填在括号内）

1. 单相异步电动机的定子中加装一个启动绕组，通入相位差90°的两相交流电，则可在气隙中产生（　　）。

A. 旋转磁场　　B. 脉动磁场

C. 直流磁场　　D. 交流磁场

2. 单相电容启动异步电动机的电容量合适时，可使相位差接近（　　），在启动时获得最佳的旋转磁场。

A. 180°　　B. 45°

C. 90°　　D. 360°

3. 单相电容运行异步电动机的启动绕组和电容器（　　）。

A. 短时工作　　B. 启动后不通电

C. 串联开关　　D. 启动后还工作

4. 单相电容启动与运行异步电动机的各种性能是（　　）。

A. 较好的　　B. 最好的

C. 较差的　　D. 最差的

5. 采用定子绕组抽头调速的单相异步电动机，定子铁心槽中嵌放有工作绕组、启动绕组和（　　）。

A. 异步绕组　　B. 励磁绕组

C. 同步绕组　　D. 调速绕组

6. 单相异步电动机双向晶闸管调速（　　），效率较高。

A. 无谐波干扰　　B. 控制复杂

C. 电流波形好　　D. 控制简单

7. 单相异步电动机无法启动的原因可能是（　　）。

A. 定子绕组断路　　B. 轴承缺油

C. 定子绕组短路　　D. 负载过小

8. 单相异步电动机转速过低的原因可能是（　　）。

A. 定子绕组断路　　B. 电容器容量减小

C. 转子卡住　　D. 负载过小

三、判断题（正确的打√，错误的打×）

1. 单相异步电动机具有结构简单、成本低廉、噪声小、体积小，运行性能好等优点。（　　）
2. 单相异步电动机中的磁场是一个旋转磁场。（　　）
3. 单相异步电动机一相绕组通电的机械特性中，启动转矩为零。（　　）
4. 单相异步电动机理想空载转速 n_0 大于旋转磁场的转速 n_1。（　　）
5. 转动后的单相异步电动机，断开启动绕组后仍可继续工作。（　　）
6. 单相电阻启动异步电动机的启动绕组匝数多、导线粗。（　　）
7. 单相电容启动异步电动机的启动转矩较小，启动电流较大。（　　）
8. 单相电容运行异步电动机的启动性能不如单相电容启动异步电动机好。（　　）
9. 单相电容启动与运行异步电动机在启动绕组两端并联了两个电容器。（　　）
10. 单相罩极式异步电动机的启动性能好，运行性能差。（　　）
11. 单相异步电动机改变转向时，可以将工作绕组和启动绕组的首末端对调。（　　）
12. 洗衣机中常用的正反转控制电路是将电容器从一个绕组改接到另一个绕组。（　　）
13. 带有离心开关的单相电动机，一般不能改变转向。（　　）
14. 单相异步电动机定子绕组抽头调速的优点是绕组嵌线和接线比较简单。（　　）
15. 单相异步电动机双向晶闸管调速的优点是可以实现无级调速，控制简单，效率较高。（　　）
16. 单相异步电动机无法启动的原因可能是负载过小。（　　）
17. 单相异步电动机转速过低的原因可能是定子绕组断路。（　　）
18. 单相异步电动机噪声和振动过大的原因可能是电容器容量减小。（　　）

四、简答题

1. 单相异步电动机的机械特性有什么特点？

2. 单相异步电动机如何获得启动转矩？

3. 单相异步电动机有哪些种类？分别用在什么场合？

4. 如何改变单相异步电动机的旋转方向？罩极式单相异步电动机的旋转方向能否改变？为什么？

5. 电风扇振动过大的主要原因可能是什么？用久之后转速变慢，启动困难的原因又可能是什么？

6. 为什么三相异步电动机断了一根电源线，就不能启动，而运行中断了一根电源线，却能继续转动？转动情况如何？

任务7　三相同步电机的应用

一、填空题（将正确答案填在横线上）

1. 同步电机按照转子结构的不同可分为____________和____________两大类。

2. 同步电机按照用途不同可分为____________、____________和____________三大类。

3. 同步电动机的功率因数可通过改变______________来调节。

4. 同步电动机不带机械负载，专门用于调节____________时称为调相机。

5. 同步电机与异步电动机在定子结构上____________区别。

6. 凸极式同步电机一般用于转速__________的同步电机中，隐极式同步电机则用于转速__________的同步电机中。

7. 同步电机的励磁电流是由____________和____________引入励磁绕组的。

8. 同步电动机运行中，转子的磁极轴线总要滞后于定子旋转磁场的磁极轴线一个很小的角度 θ，这个角度 θ 称为____________或____________。

9. 电磁功率 P_M 与功率角 θ 的关系称为同步电动机的____________。

10. 电磁转矩 T 与功率角 θ 的关系称为同步电动机的____________。

11. 同步电动机运行时，当 $\theta>90°$ 时，会出现“__________”现象。

12. 同步电动机的 V 形曲线是指定子输入电流与转子____________之间的关系曲线。

13. 同步电动机的功率因数 $\cos\varphi=1$ 时，定子电流最小，称作____________状态。

14. 同步电动机的功率因数滞后时，称作__________状态。

15. 同步电动机工作在____________状态时，可以提高电网的功率因数。

16. 同步电动机__________自行启动。

17. 三相同步电动机常用的启动方法有____________启动法，____________启动法和____________启动法。

二、选择题（将正确答案的序号填在括号内）

1. （　　）发电机体积较大，转速较低。

A. 汽轮　　B. 燃气
C. 水轮　　D. 火力

2. 同步调相机可以通过改变（　　）来改善电网的功率因数。

A. 电源频率　　B. 励磁电流
C. 电枢电阻　　D. 励磁电压

3. 同步电动机可以通过改变（　　）来调速。

A. 电枢电阻　　B. 磁极对数
C. 电源电压　　D. 电源频率

4. 使三相同步电动机反转的方法是改变电源的（　　）。

A. 相序　　B. 极性
C. 电压　　D. 频率

5. 同步电动机的负载增大时，θ 角也变大，（　　）随之增大。

A. 电源频率　　B. 电磁转矩
C. 功率因数　　D. 电源电压

6. 同步发电机的输出频率与转速（　　）。

A. 无关　　B. 成反比
C. 相等　　D. 成正比

7. 同步发电机的输出电压与转速（　　）。

A. 无关　　B. 成反比

C. 相等　　D. 成正比

8. 同步电动机的电磁功率 P_M 与功率角 θ 的正弦值（　　）。

A. 无关　　B. 成反比

C. 相等　　D. 成正比

9. 同步电动机的电磁转矩 T 与功率角 θ 的正弦值（　　）。

A. 无关　　B. 成反比

C. 相等　　D. 成正比

10. 同步电动机的转子励磁电流较小时，功率因数是（　　）的。

A. 同相　　B. 超前

C. 可变　　D. 滞后

11. 同步电动机的负载增大时，定子电流增大，对应的 V 形曲线向（　　）移动。

A. 左上方　　B. 右下方

C. 左下方　　D. 右上方

12. 同步电动机本身（　　）启动转矩。

A. 有较小　　B. 没有

C. 有较大　　D. 有正常

13. 同步电动机比较理想的启动方法是（　　）启动。

A. 辅助　　B. 异步

C. 变频　　D. 同步

三、判断题（正确的打√，错误的打×）

1. 转子的转速始终与定子旋转磁场的转速相同的交流电机称作同步电机。（　　）
2. 同步电动机的转速是不能调节的。（　　）
3. 同步电机按照用途不同可分为发电机和电动机。（　　）
4. 同步电机的转子结构可分为笼式和绕线式两大类。（　　）
5. 汽轮发电机通常转速为 3 000 r/min 或 1 500 r/min。（　　）
6. 中频发电机的频率范围为 50 ~ 100 Hz。（　　）
7. 电网频率恒定时，同步电动机的工作转速不受负载变动的影响。（　　）
8. 同步电动机的功率因数可通过并联电容器来调节。（　　）
9. 同步调相机可以通过改变励磁电流来改善电网的功率因数。（　　）
10. 同步电机与直流电机在定子结构上没有什么区别。（　　）
11. 隐极式同步电机的转子为圆柱体，没有明显的磁极。（　　）
12. 同步电动机的旋转方向取决于三相电流的相序。（　　）
13. 同步电动机的负载过小时会出现“失步”现象。（　　）
14. 同步电机作为发电机运行时，转子三相对称绕组产生三相对称交流电动势。（　　）
15. 在恒定励磁电流和恒定电网电压时，同步电动机的电磁功率 P_M 与功率角 θ 之间的

关系称为功角特性。 (　　)

16. 同步电动机额定运行时，$\theta_N = 0° \sim 90°$，过载能力 $\lambda = 2 \sim 3$。 (　　)

17. 同步电动机的输出功率不变时，在欠励状态下，转子励磁电流 I_f越小，定子输入电流 I 越大；过励状态下，转子励磁电流 I_f越大，定子输入电流 I 越小。 (　　)

18. 同步电动机负载不变，减小励磁电流时，对应的功率角 θ 增大，过载能力不变。 (　　)

19. 同步电动机在过励状态时，可以提高输出功率，这是它的最大优点。 (　　)

20. 同步电动机的额定功率因数一般为 1 ~0.8（滞后）。 (　　)

21. 同步电动机的启动转矩不大。 (　　)

22. 异步启动法在传统的同步电动机中应用较普遍。 (　　)

23. 同步电动机的变频启动法是发展方向。 (　　)

四、简答题

1. 什么叫同步电机？试问额定频率为 50 Hz、转速为 100 r/min 的同步电机，有多少个磁极？

2. 同步电机与异步电动机在结构和原理上有什么差别？

3. 什么叫同步电动机的功角特性？

4. 什么叫同步电动机的V形曲线？一台拖动恒转矩负载的同步电动机，在功率因数超前的情况下，若减小励磁电流，定子电流将如何变化？功率因数又将如何变化？

任务8　电动机的选用

一、填空题（将正确答案填在横线上）

1. 为了使电动机能够安全可靠、经济合理地运行，必须选用适合于____________的电动机。

2. 合理选用电动机要注意的原则是，电动机的机械特性与生产机械的____________相匹配；电动机的结构形式应满足____________和适合周围的______________；在满足性能要求的条件下，尽可能选用____________、____________、____________、__________的电动机。

3. 电动机的选用主要包括：______________的选择、__________和__________的选择、__________和__________的选择，其中以______________的选择最为重要。

4. 确定电动机额定功率的基本依据是：电动机运行中的实际最高温度不超过____________允许的最高温度。

5. B级绝缘材料的最高允许温度是__________℃，最高允许温升是__________℃。

6. 电动机的工作方式可分为__________工作制、__________工作制和__________工作制三种。

7. 恒定负载下，连续工作制电动机的额定功率只要__________或____________生产机械所需的功率即可。

8. 变化负载下，连续工作制电动机的额定功率通常按照平均负载功率的__________倍来选择。

9. 短时工作制电动机的标准工作时间有________min、________min、________min 和________min 四种。

10. 短时工作制电动机选购困难时，也可用__________工作制的电动机替代。

11. 国产周期性断续工作制电动机的负载持续率有__________%、__________%、__________%和__________%四种。

12. 周期性断续工作制电动机每个工作周期的时间不大于__________min。

13. 周期性断续工作制电动机额定功率的选择方法与连续工作制______________的功率选择相类似。

14. 选择电动机种类的时候，应优先选用____________电动机。

15. 对于要求在大范围内平滑调速的生产机械，宜采用____________电动机。

16. 对于拖动功率大、转速恒定、需要补偿电网功率因数的场合，宜选用__________电动机。

17. 电动机按其安装方式不同可分为__________和__________两种。

18. 电动机按轴伸端个数的不同可分为____________和__________两种。

19. 电动机按防护形式的等级不同可分为__________、__________、__________和__________四种。

20. 封闭式电动机可用于__________、__________的环境中。

21. 中小型交流电动机的额定电压一般为__________V。

22. 直流电动机最常用的直流电压等级为__________V。当直流电动机采用三相桥式整流电路供电时，若线电压为380 V，则额定电压应选用__________V。

23. 对于额定功率相同的电动机，转速__________，电动机的体积越小、重量越轻、价格越低。

24. 选用电动机时，应从额定__________、额定__________、额定__________、种类和形式等几方面综合考虑。在满足生产机械要求的条件下，力求________投资少，________消耗少，________费用低，做到既经济又合理。

二、选择题（将正确答案的序号填在括号内）

1. 如果电动机的额定功率选择过小，电动机将（　　）运行，导致温度超过允许值。

A. 高速　　B. 过载

C. 低速　　D. 轻载

2. 电动机铭牌上所标的温升是绝缘材料的最高允许温度与（　　）之差。

A. 26 ℃　　B. 50 ℃

C. 37 ℃　　D. 40 ℃

3. F级绝缘材料的最高允许温度是（　　）。

A. 105 ℃　　B. 120 ℃

C. 135 ℃　　D. 155 ℃

4. 在选择电动机的额定功率时，除了考虑发热之外还要考虑负载所需的（　　）、过载能力。

A. 调速　　B. 高速

C. 启动　　D. 低速

5. 连续工作制电动机的负载可分为恒定负载和（　　）负载两类。

A. 冲击　　B. 短时

C. 正弦　　D. 变化

6. 短时工作制电动机具有（　　）的过载能力。

A. 较大　　B. 不变

C. 较小　　D. 可变

7. 连续工作制电动机采取短时工作制方式运行时，输出功率应该（　　）额定功率。

A. 等于　　B. 大于

C. 不等于　　D. 小于

8. 当电动机的负载持续率小于（　　）时，应按短时工作制确定其额定功率。

A. 20%　　B. 20%

C. 10%　　D. 30%

9. 选择电动机的种类时，应该优先选用（　　）、维护方便的电动机。

A. 结构简单　　B. 价格便宜

C. 运行可靠　　D. 以上都是

10.（　　）电动机被广泛应用于各种机床、水泵、通风机等生产机械上。

A. 三相绕线型　　B. 三相同步

C. 三相笼型　　D. 单相异步

11. 对启动、制动比较频繁，如起重机、矿井提升机等场合，宜采用（　　）电动机。

A. 三相绕线型　　B. 三相同步

C. 三相笼型　　D. 单相异步

12. 要求在大范围内平滑调速和需要准确位置控制的生产机械，宜采用（　　）电动机。

A. 同步　　B. 串励

C. 异步　　D. 直流

13. 对于深井水泵和钻床等机械，应使用（　　）电动机。

A. 电容式　　B. 立式

C. 电感式　　D. 卧式

14. 需要安装测速发电机或同时拖动两台生产机械时，必须选用（　　）电动机。

A. 恒转速　　B. 双轴伸

C. 恒转矩　　D. 单轴伸

15. 用于干燥、清洁环境中的电动机，可选用（　　）电动机。

A. 开启式　　B. 防护式

C. 封闭式　　D. 防爆式

16. 用于潮湿、尘土多的环境中的电动机，应该选用（　　）电动机。

A. 开启式　　B. 防护式

C. 封闭式　　　　D. 防爆式

17. 用于煤气站、油库及矿井等场所的电动机，应该选用（　　）电动机。

A. 开启式　　　　B. 防护式

C. 封闭式　　　　D. 防爆式

三、判断题（正确的打√，错误的打×）

1. 选用电动机时，主要考虑的方面是额定电压和额定转速的选择。（　　）
2. 如果电动机的额定功率选得过大，则效率较低，功率因数较高。（　　）
3. 电动机的工作方式可分长期工作制和短期工作制两种。（　　）
4. 连续工作制的电动机不能用于短时工作方式。（　　）
5. 起重机、矿井提升机等生产机械宜选用三相笼型异步电动机。（　　）
6. 电车、重型起重机等可选用串励直流电动机。（　　）
7. 立式电动机的价格较贵，所以一般情况下应选用卧式电动机。（　　）
8. 封闭式电动机可用于有易燃、易爆气体的危险环境中。（　　）
9. 直流电动机的额定电压一般为 110 V、220 V、440 V 等几种。（　　）
10. 通常选择电动机的额定转速在 750 ~ 1 500 r/min 比较合适。（　　）

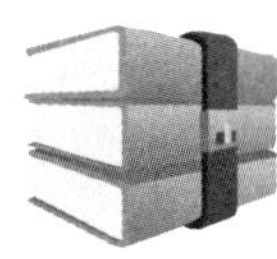

课题四　特种电机的应用

任务1　伺服电动机的应用

一、填空题（将正确答案填在横线上）

1. 伺服电动机的作用是将输入的__________信号转换为转轴的__________或角位移输出。

2. 自动控制系统对伺服电动机的基本要求是：有尽可能高的__________性能，无“__________”，具有线性的__________特性和__________特性等。

3. 自动化设备中的伺服系统可分为直流伺服系统和__________系统两大类。

4. 直流伺服电动机能在大范围内实现精密的__________和__________控制。

5. 现代交流伺服电动机具有__________、__________、散热好、转动惯量小、能工作于高压状态等优点。

6. 传统型直流伺服电动机的励磁方式有__________式和__________式两种。

7. 电枢控制的直流伺服电动机具有机械特性__________、精度高、__________等优点。

8. 直流伺服电动机的缺点是电刷与换向器之间的火花会产生__________。

9. 传统的交流伺服电动机是指两相伺服电动机，有__________转子和__________转子两种。

10. 传统交流伺服电动机的结构与__________单相异步电动机相似。

11. 交流伺服电动机克服“自转”现象的方法是__________。

12. 交流伺服电动机的控制方法有三种：________控制，________控制，________控制。

13. 将控制信号电压的相位改变__________电角度，即可改变交流伺服电动机的转向。

14. 现代交流伺服系统是一种新型高性能的__________装置，包括__________本体和__________。

15. 现代的交流伺服电机有三相交流__________伺服电动机和三相交流________伺服电动机两种。

16. 交流永磁伺服电动机由永磁同步电动机、__________传感器、__________传感器等组成。

17. 现代伺服驱动器可根据控制信号的大小，输出所需的__________与__________可调的三相正弦交流电，达到控制电动机__________和__________的目的。

二、选择题（将正确答案的序号填在括号内）

1. 自动控制系统对伺服电动机的基本要求是：（　　）。

A. 快速响应　　B. 无“自转现象”

C. 调速范围大　　D. 以上都是

2. 传统型直流伺服电动机具有如下特点：（　　）。

A. 转动惯量小　　B. 换向性能好

C. 正反转特性对称　　D. 以上都是

3. 空心杯电枢直流伺服电动机的性能特点是：（　　）。

A. 转动惯量小　　B. 功率大

C. 转速低　　D. 频率高

4. 直流伺服电动机在工程上多采用（　　）控制方式。

A. 转矩　　B. 电枢

C. 转速　　D. 频率

5. 直流伺服电动机的优点是具有线性的（　　），启动转矩大，调速范围大。

A. 功率特性　　B. 频率特性

C. 电流特性　　D. 机械特性

6. 传统的交流伺服电动机是指（　　）伺服电动机。

A. 单相　　B. 两相

C. 三相　　D. 四相

7. 交流伺服电动机线性度最好的控制方法是（　　）。

A. 电压控制　　B. 频率控制

C. 相位控制　　D. 幅相控制

8. 交流伺服电动机最简单的控制方法是（　　）。

A. 电压控制　　B. 幅值控制

C. 相位控制　　D. 幅相控制

9. 现代伺服驱动器能够实现高精度、快速的电流幅值控制和（　　）。

A. 阻抗控制　　B. 相位控制

C. 转速控制　　D. 功率控制

三、判断题（正确的打√，错误的打×）

1. 伺服电动机的效率高，过载能力强，调速范围大。（　　）

2. 直流伺服电动机的转动惯量大，具有优良的换向性能。（　　）

3. 空心杯电枢直流伺服电动机的性能特点是：超大转动惯量。（　　）

4. 直流伺服电动机的转速由信号电压控制。（　　）

5. 直流伺服电动机在工程上多采用磁场控制方式。（　　）

6. 直流伺服电动机低于始动电压的区间，称为失灵区或死区。（　　）

7. 杯形转子的交流伺服电动机，转动惯量很小。（　　）

8. 交流伺服电动机的励磁绕组单独通电时，电磁转矩是制动性质的。（　　）

9. 交流伺服电动机的控制信号电压与励磁电压的幅值不等或相位差不是90°电角度时，将产生圆形的旋转磁场。（　　）

10. 交流伺服电动机相位控制时的机械特性线性度最好。（　　）

11. 交流永磁伺服电动机的缺点是功率因数低、体积大、启动特性欠佳。（　　）

12. 交流永磁伺服电动机由永磁同步电动机、伺服驱动器、速度传感器等组成。（　　）

四、简答题

1. 伺服电动机的作用是什么？自动控制系统对伺服电动机有什么要求？

2. 直流伺服电动机有哪几种控制方式？一般采用哪种控制方式？

3. 宽调速直流伺服电动机有何特点？

4. 空心杯形电枢直流伺服电动机有何特点？

5. 什么叫“自转”现象？交流伺服电动机是如何消除“自转”现象的？

6. 试说明正弦波电流驱动的交流永磁伺服电动机的基本组成和控制原理。

7. 与直流伺服电机相比三相交流永磁伺服电动机有哪些优缺点？

任务2 测速发电机的应用

一、填空题（将正确答案填在横线上）

1. 测速发电机的作用是将输入的机械转速变换成____________输出。

2. 直流测速发电机的结构与普通小型______________相同。

3. 直流测速发电机的________与转速成正比，转向改变将引起输出电压________的改变。

4. 交流测速发电机的输出电压与__________成正比；输出频率等于__________频率；转向改变时，输出电压的相位变化__________电角度。

5. 交流异步测速发电机为了减小误差，通常采用____________供电。

6. 测速发电机主要应用于____________、位置伺服和计算解答等三类控制系统。

二、选择题（将正确答案的序号填在括号内）

1. 自动控制系统对测速发电机的要求是：（　　）。

A. 输出电压与转速成线性关系　　B. 正反转的特性一致

C. 输出特性的灵敏度高　　D. 以上都是

2. 直流测速发电机按励磁方式可分为他励式和（　　）两种。

A. 永磁式　　B. 并励式

C. 电磁式　　D. 串励式

3. 直流测速发电机产生误差的原因主要有：（　　）、电刷与换向器的联结电阻和联结电压、电磁干扰和火花等。

A. 电枢反应　　B. 延迟换向

C. 换向纹波　　D. 以上都是

4. 交流测速发电机应用较为广泛的是交流（　　）测速发电机。

A. 同步　　B. 并励

C. 异步　　D. 串励

5. 直流测速发电机的主要性能参数有（　　）等。

A. 最大线性转速范围　　B. 比电动势

C. 线性误差　　D. 以上都是

6. 交流异步测速发电机的主要性能参数有（　　）等。

A. 最大线性转速范围　　B. 输出电压斜率

C. 相位误差　　D. 以上都是

三、判断题（正确的打√，错误的打×）

1. 测速发电机的作用是将输入的电压信号变换成机械转速输出。（　　）

2. 自动控制系统对测速发电机的要求是输出电压与转矩成线性关系。（　　）
3. 直流测速发电机的工作原理与一般直流发电机没有区别。（　　）
4. 直流测速发电机的转向改变将引起输出电压大小的改变。（　　）
5. 直流测速发电机由于存在电刷和换向器，所以有电磁干扰现象。（　　）
6. 在自动控制系统中，目前主要应用的是空心杯形转子异步测速发电机。（　　）
7. 当交流测速发电机的转向发生改变时，其输出电压的正负极性也发生改变。（　　）

四、简答题

1. 直流测速发电机使用时，为什么转速不能过高，负载电阻不能过小？

2. 直流测速发电机的主要性能参数有哪些？

3. 常用的国产测速发电机有哪些系列？分别有什么特点？

任务3 步进电动机的应用

一、填空题（将正确答案填在横线上）

1. 步进电动机的作用是将电脉冲信号变换为相应的____________或____________。

2. 步进电动机的转速与____________成正比。

3. 步进电动机按励磁方式分类，可分为____________、____________和__________三类。

4. 反应式步进电动机又称__________步进电动机。

5. 步进电动机定子控制绕组从一种通电状态切换到另一种通电状态叫作一“______”，此时转子在空间所转过的角度称为____________，用θ_s表示。

6. 三相步进电动机的工作方式有____________、____________和____________三种。

7. 与反应式步进电动机不同，永磁式步进电机要求电源供给________、________脉冲。

8. 步进电动机的主要参数有步距角、静态步距角误差、__________频率、__________频率等。

二、选择题（将正确答案的序号填在括号内）

1. 步进电动机是一种由电脉冲控制的特殊（　　）电动机。

   A. 直流　　B. 异步
   C. 交流　　D. 同步

2. 目前用于数控机床驱动的步进电动机主要有（　　）和混合式步进电动机。

   A. 数字式　　B. 反应式
   C. 模拟式　　D. 变频式

3. 步进电动机的转速取决于绕组通电的（　　）。

   A. 电压　　B. 电流
   C. 频率　　D. 功率

4. 步进电动机的反转方法是改变各相绕组通电的（　　）。

   A. 顺序　　B. 电流
   C. 频率　　D. 方向

5. 步进电动机的定子三相控制绕组按 A→B→C→A 顺序通电时称为（　　）。

   A. 三相双三拍　　B. 三相单三拍
   C. 三相双六拍　　D. 三相单双六拍

6. 步进电动机的定子三相控制绕组按 AB→BC→CA→AB 顺序通电时称为（　　）。

   A. 三相双三拍　　B. 三相单三拍

C. 三相双六拍　　D. 三相单双六拍

7. 步进电动机的拍数和齿数越多，步距角（　　）。

A. 无关　　B. 越小

C. 不变　　D. 越大

8. 一般永磁式步进电动机的驱动电路要做成（　　）驱动。

A. 单极性　　B. 低电压

C. 双极性　　D. 大电流

三、判断题（正确的打√，错误的打×）

1. 步进电动机的作用是将电流信号变换为相应的角位移或线位移。（　　）
2. 步进电动机又称电子电动机。（　　）
3. 步进电动机可以在很宽的范围内通过改变脉冲电压来调速。（　　）
4. 步进电动机单双六拍通电方式的步距角比双三拍通电方式时要减少一半。（　　）
5. 步进电动机的齿数越多，在脉冲频率一定时，转速越高。（　　）
6. 一般永磁式步进电动机的驱动电路要做成单极性驱动。（　　）
7. 步进电动机的最高工作频率大于其启动频率。（　　）
8. 细分技术是步进电动机开环控制的最新技术之一。（　　）

四、简答题

1. 步进电动机的启动频率和运行频率与负载大小有什么关系？

2. 反应式、永磁式、感应子式步进电动机各有哪些优缺点？

3. 什么叫作拍、单拍制和双拍制？步进电动机技术数据中给出的步距角有时有两个数，如步距角为 1.5°/3°，这是什么意思？

4. 步进电动机的控制系统包括哪些主要部分？它们的功能是什么？

五、计算题

一台三相步进电动机，可采用三相单三拍或三相单双六拍工作方式，转子齿数 $z_R=50$，电源频率 $f=2$ kHz，分别计算两种工作方式电动机的步距角和转速。

任务4 无刷直流电动机的应用

一、填空题（将正确答案填在横线上）

1. 无刷直流电动机的优点是具有__________的机械特性、调速范围________、启动转矩________、控制电路__________等。

2. 无刷直流电动机由电动机本体、__________、逆变器、__________和__________等组成。

3. 无刷直流电动机中位置检测器的作用是为逆变器提供正确的____________。

4. 无刷直流电动机是依靠改变电枢绕组____________来改变转向的。

5. 无刷直流电动机的缺点是输出功率__________、响应速度__________、保护电路__________等。

二、选择题（将正确答案的序号填在括号内）

1. 无刷直流电动机利用（　　）换向器取代了传统的机械电刷和换向器。

A. 直流　　B. 电子

C. 交流　　D. 自动

2. 无刷直流电动机是一种结构简单，驱动技术（　　）的机电一体化新型电机。

A. 进步　　B. 简单

C. 引进　　D. 复杂

3. 无刷直流电动机的电机本体中，转子是磁极，定子是（　　）。

A. 传感器　　B. 励磁绕组

C. 电枢绕组　　D. 磁阻开关

4. 无刷直流电动机中，逆变器的输出频率受控于（　　）。

A. 定子位置　　B. 电压信号

C. 转子位置　　D. 电流信号

5. 无刷直流电动机转子位置传感器的种类包括磁敏式、电磁式、（　　）等。

A. 光电式　　B. 接近开关

C. 编码器　　D. 以上都是

三、判断题（正确的打√，错误的打×）

1. 无刷直流电动机由电动机本体、位置传感器、换向器和控制器等组成。（　　）

2. 无刷直流电动机输入电流的频率与电机转速始终保持同步。（　　）

3. 霍尔位置检测器是目前无刷直流电动机上应用最少的一种位置检测器。（　　）

4. 控制器是无刷直流电动机正常运行并实现各种调速伺服功能的指挥中心。（　　）

5. 无刷直流电动机是依靠改变定子端电压的极性来实现改变转向的。 (　　)

6. 无刷直流电动机兼有直流电动机控制性能好和交流电动机使用寿命长的优点。 (　　)

四、简答题

1. 无刷直流电动机与普通直流电动机相比有何区别?

2. 位置传感器在无刷直流电动机中起什么作用?

3. 简述无刷直流电动机的基本结构和工作原理。

任务5　直线电动机的应用

一、填空题（将正确答案填在横线上）

1. 直线电动机与旋转电动机在原理上____________。

2. 直线电动机按工作原理可分为直线__________电动机、直线__________电动机、直线无刷直流电动机、直线__________电动机等。

3. 旋转电动机的定子和转子分别对应直线电动机的__________和__________。

4. 直线电动机既可以是短初级，也可以是短次级。一般采用____________结构。

5. 直线电动机的初级三相绕组通入三相交流电后，会在气隙中产生一个__________移动的正弦波磁场，其移动方向由三相交流电的__________决定。

6. 直线异步电动机的速度与电源的____________成正比。

7. 直线感应电动机的缺点是__________大、____________低、控制装置复杂等。

8. 直线直流电动机分为永磁式____________电动机和永磁式__________电动机。

9. 永磁式直线无刷直流电动机由__________和__________组成。电动机本体包括定子和________两个部分。

二、选择题（将正确答案的序号填在括号内）

1. 直线电动机可分（　　）、有刷直流、无刷直流等各种类型。

A. 异步　　B. 同步

C. 步进　　D. 以上都是

2. 直线感应电动机常见的形式有平板形和（　　）两种。

A. 圆锥形　　B. 圆筒形

C. 圆环形　　D. 三角形

3. （　　）平板形直线感应电动机可消除对次级的电磁拉力。

A. 双边　　B. 四边

C. 单边　　D. 三边

4. 圆筒式结构的直线感应电动机没有绕组端部，不存在（　　）边缘效应。

A. 前方　　B. 横向

C. 后方　　D. 纵向

5. 直线感应电动机利用反作用力驱动（　　）朝磁场相反的方向运动。

A. 磁极　　B. 次级

C. 定子　　D. 初级

6. 永磁式直线无刷直流电动机除了电枢和永磁磁场之外，还需要（　　）传感器。

A. 速度　　B. 电压

C. 位置　　D. 电流

7. 高性能永磁式直线无刷直流电动机具有（　　）。

A. 调速范围宽　　B. 定位精度高

C. 动态特性好　　D. 以上都是

三、判断题（正确的打√，错误的打×）

1. 直线电动机与旋转电动机在原理上不同。（　　）

2. 直线电动机是从旋转电动机演化而来的。（　　）

3. 直线电动机的运动部分称作初级。（　　）

4. 直线电动机在次级两边均安放初级的结构形式称为双边型直线电动机。（　　）

5. 直线感应电动机的速度与电源电压成正比。（　　）

6. 改变直线感应电动机初级绕组的电压极性，即可改变电动机的运行方向。（　　）

7. 永磁式直线无刷直流电动机的推力是由定子中的电枢电流和动子的永磁磁场相互作用产生的。（　　）

8. 永磁式直线无刷直流电动机除了电枢和永磁磁场之外，还需要速度传感器。（　　）

四、简答题

1. 直线电动机根据形状可以分为哪几类？简述它们的特点和分别应用于什么场合。

2. 简述直线感应电动机的特点及主要应用领域。

3. 简述直线无刷直流电动机的性能特点。

五、计算题

一台直线异步电动机极距 $\tau=5$ mm，电源频率 $f_1=50$ Hz，滑差率 $s=0.05$，求次级的移动速度 v。

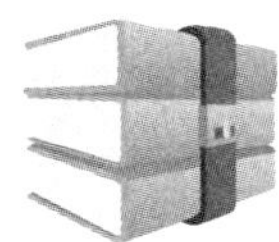

课题五　三相异步电动机基本控制线路的安装与调试

任务 1　三相异步电动机启停控制线路的安装与调试

一、填空题（将正确答案填在横线上）

1. 低压电器通常是指在交流__________V 及以下或直流__________V 及以下电路中，起__________、控制、__________和调节作用的电气设备。

2. 刀开关一般用来不频繁地接通和分断容量不很大的__________线路，也可作为电源的__________开关。

3. 电源进线应接在刀开关__________触点一边的进线端（进线座应在上方），用电设备应接在__________触点一边的出线端。

4. 刀开关在合闸状态下手柄应该向__________，不能倒装或__________。

5. 熔断器是一种用于__________保护的电器。

6. 熔断器使用时应__________联在被保护电路中。

7. 熔断器的额定电流应大于或__________所装熔体的额定电流。

8. 熔断器熔体的额定电流应不小于电动机额定电流的 1.5 ~ __________倍。

9. 熔断器熔体烧断后，应首先__________，排除故障。

10. 螺旋式熔断器下接线板的接线端子应安装在上方，并与__________线连接。

11. 接触器是用于远距离频繁地接通与断开__________及大容量控制电路的一种__________切换电器。

12. 机床电路的控制中以电磁式__________接触器应用最为广泛。

13. 交流接触器由__________、__________、灭弧装置、弹簧和支架底座等部分组成。

14. 交流接触器的主触点用以通断电流较大的__________电路，辅助触点用于通断小电流的__________电路。

15. 接触器主触点的额定电流应__________或等于负载的额定电流。

16. 电动机利用热继电器进行__________保护。

17. 热继电器是一种利用电流的__________原理进行工作的保护电器。

18. 热继电器的整定电流是指长期通过发热元件而________动作的最大电流。

19. 按钮通常用于控制电路中发出________或________指令。

20. 按钮的结构一般由________、复位弹簧、__________、__________和外壳等组成。

21. 常开按钮在控制电路中常用作________按钮。

22. 复合按钮在控制电路中常用于________联锁。

23. 停止按钮一般是________色；启动按钮一般是________色。

24. 断路器可用于不频繁地________和________电路；具有_______、过载等保护功能。

25. 通常将主电路画在控制电路的________或左方。

26. 具有自锁功能的按钮接触器控制电路，当电源停电后恢复供电时，电动机_______自行启动，实现了欠压和_______保护功能。

二、选择题（将正确答案的序号填在括号内）

1. 刀开关的文字符号是（　　）。

A. SQ　　B. SA

C. QS　　D. SB

2. 对于电动机负载，刀开关额定电流可选电动机额定电流的（　　）倍左右。

A. 2　　B. 1

C. 3　　D. 4

3. 熔断器的文字符号是（　　）。

A. FA　　B. UF

C. FU　　D. FB

4. 对于照明等电阻性负载，熔断器熔体的额定电流应稍大于或等于负载的（　　）。

A. 过载电流　　B. 半载电流

C. 额定电流　　D. 最大电流

5. 螺旋式熔断器金属螺纹壳体的接线端子应装于下方，并与（　　）的导线相连。

A. 电动机　　B. 用电设备

C. 发电机　　D. 交流电源

6. 接触器不仅能实现远距离（　　）控制，而且操作频率高、控制容量大。

A. 集中　　B. 频率

C. 分散　　D. 功率

7. 接触器按驱动力的不同可分为（　　）、气动式和液压式等。

A. 压力式　　B. 电磁式

C. 重力式　　D. 吸力式

8. 交流接触器的文字符号是（　　）。

A. KA　　B. KM

C. FM　　D. KB

9. 热继电器的作用是（　　）保护。

A. 过载　　B. 开路

C. 失压　　D. 短路

10. 热继电器的文字符号是（　　）。

A. KA　　B. KM

C. FU　　D. KH

11. △接法的电动机应选择带（　　）保护的热继电器。

A. 漏电　　B. 过流

C. 零压　　D. 缺相

12. 启动按钮通常选择（　　）按钮帽。

A. 红色　　B. 黑色

C. 绿色　　D. 黄色

13. 低压断路器具有短路、（　　）保护功能。

A. 超速　　B. 过流

C. 过热　　D. 过压

14. 低压断路器的文字符号是（　　）。

A. QF　　B. KS

C. FU　　D. QH

15. 电动机单向运行的主电路由电源开关、熔断器、接触器、（　　）等构成。

A. 指示灯　　B. 热继电器

C. 风扇　　D. 按钮

16. 电动机单向运行的控制电路由熔断器、热继电器、按钮、（　　）等构成。

A. 发电机　　B. 变压器

C. 电动机　　D. 接触器线圈

17. 同一电器的各个部件分别画在各自所属的电路中，均以（　　）的文字符号表示。

A. 对应　　B. 相同

C. 所需　　D. 不同

18. 接触器线圈通过自身常开辅助触点保持通电状态称为（　　）。

A. 互锁　　B. 电锁

C. 自锁　　D. 磁锁

19. 电气控制系统中常用的保护措施有（　　）、失压欠压保护、限位保护和弱磁保护等。

A. 过载保护　　B. 过流保护

C. 短路保护　　D. 以上都是

三、判断题（正确的打√，错误的打×）

1. 低压电器通常是指交流 220 V 或 380 V 电路中的电气设备。 （ ）
2. 刀开关可用于控制 13 kW 电动机的直接启动和停止。 （ ）
3. 刀开关的接线应该是下进上出。 （ ）
4. 熔断器的作用是过载保护。 （ ）
5. 熔断器的文字符号是 RD。 （ ）
6. 熔断器熔体的额定电流应小于电动机的额定电流。 （ ）
7. 螺旋式熔断器的金属螺纹壳体应与电源线连接。 （ ）
8. 在机床电路控制中以电磁交流接触器应用最为广泛。 （ ）
9. 交流接触器的文字符号是 CJ。 （ ）
10. 交流接触器主触点的额定电流应大于或等于电动机的额定电流。 （ ）
11. 热继电器的作用是过载保护。 （ ）
12. Y接法的电动机可以选择两相结构的热继电器。 （ ）
13. 按钮通常用于在控制电路中发出启动或停止指令。 （ ）
14. “停止”按钮必须是红色的，“急停”按钮必须用黑色的蘑菇按钮。 （ ）
15. 按钮的文字符号是 AB。 （ ）
16. 当电路发生过载故障时，断路器能自动切断故障电路。 （ ）
17. 断路器的额定电压和额定电流应大于电路正常工作的电压和电流。 （ ）
18. 断路器的文字符号是 QS。 （ ）
19. 电动机单向运行的主电路由电源开关、熔断器、接触器、热继电器、按钮等组成。 （ ）
20. 通常将控制电路画在主电路的上方或左方。 （ ）
21. 电动机单向运行的主电路需要短路保护，控制电路需要过载保护。 （ ）
22. 具有自锁的按钮接触器控制电路能够实现失压保护功能。 （ ）
23. 点动控制线路中没有自锁电路。 （ ）

四、简答题

1. 在使用和安装 HK 系列刀开关时，应注意什么？

2. 按钮的颜色选用是如何规定的？

3. 交流接触器有什么用途？其型号 CJ20－60 的含义是什么？

4. 电动机启动时电流很大，为什么热继电器不会动作？

5. 在电动机控制线路中，熔断器与热继电器能否互换？为什么？

五、作图题

1. 画出刀开关的图形符号，并标注文字符号。

2. 画出熔断器的图形符号，并标注文字符号。

3. 画出按钮的各种图形符号，并标注文字符号。

4. 画出交流接触器的图形符号，并标注文字符号。

5. 画出热继电器的图形符号，并标注文字符号。

6. 画出电动机单向运行的电气控制线路，包括主电路和控制电路，具有短路、过载和失压保护功能，写出工作原理。

7. 画出电动机启动、停止和点动控制的完整线路，写出工作原理。

任务2　三相异步电动机正反转控制线路的安装与调试

一、填空题（将正确答案填在横线上）

1. 两个接触器将各自的常闭触头串接在对方线圈电路中，形成相互制约的控制，这种相互制约关系称为__________控制。

2. 由接触器或继电器常闭触头构成的互锁称为____________互锁。

3. 在接触器互锁的基础上，增设启动按钮的常闭触头进行互锁，就构成了按钮和接触器__________互锁的控制线路。

4. 行程开关又称__________开关，是一种利用生产机械运动部件的碰撞发出指令的________电器，用于控制生产机械的运动方向、行程大小或作____________保护。

5. 行程开关按运动形式不同可分为____________式和____________式；按结构不同可分为____________式、__________式和____________式。

6. 行程开关的文字符号是____________。

7. 接近开关是电子式、无触头的____________开关。

二、选择题（将正确答案的序号填在括号内）

1. 接触器互锁正反转控制线路中使用了（　　）个接触器。

A. 1　　B. 2

C. 3　　D. 4

2. 接触器互锁正反转控制线路中使用了（　　）个按钮。

A. 1　　B. 2

C. 3　　D. 4

3. 按钮和接触器双重互锁的正反转控制线路中使用了（　　）个按钮。

A. 1　　B. 2

C. 3　　D. 4

4. 电动机自动往复运行的控制线路中至少要用（　　）个行程开关。

A. 1　　B. 2

C. 3　　D. 4

5. 工作台自动往复运行的控制线路工作一个周期，电动机要进行（　　）次反接制动和启动。

A. 1　　B. 2

C. 3　　D. 4

三、判断题（正确的打√，错误的打×）

1. 接触器互锁正反转控制线路至少要用3个接触器。（　　）

2. 接触器互锁正反转控制线路至少要用 4 个按钮。 ( )
3. 接触器互锁正反转控制线路可以直接反转。 ( )
4. 按钮和接触器双重互锁的正反转控制线路不可以直接反转。 ( )
5. 行程开关是一种主令电器。 ( )
6. 行程开关的文字符号是 XQ。 ( )
7. 自动往复运行控制线路中的限位保护行程开关正常情况下不动作。 ( )

四、简答题

1. 按钮和接触器的互锁触头在继电器——接触器控制中起到了什么作用?

2. 行程开关主要用于什么场合?它是怎样实现行程控制的?

五、作图题

1. 画出行程开关的图形符号，并标注文字符号。

2. 画出按钮和接触器双重互锁的电动机正反转控制线路，写出简要工作原理。

3. 画出电动机自动往复运行的控制线路，写出简要工作原理。

任务3 三相异步电动机顺序控制和时间控制线路的安装与调试

一、填空题（将正确答案填在横线上）

1. 从得到输入信号起，需经过一定时间的延迟才能输出信号的继电器称为________继电器。

2. 时间继电器按工作原理可分为__________式、____________式、电动式和数字式，延时方式有__________延时和__________延时两种。

3. 中间继电器的作用是增加触头__________或触头__________，实现中间信号的转换和放大。

4. 顺序控制的基本方法是用__________触头进行互锁。即将先启动电动机的接触器常开触头__________到后启动电动机的接触器线圈中，将先停止电动机的接触器常开触头__________到后停止电动机的停止按钮两端。

5. 常用的延时控制电路有__________延时型时间继电器控制电路和__________延时型时间继电器控制电路两大类。

二、选择题（将正确答案的序号填在括号内）

1. 时间继电器的文字符号是（　　）。

A. ST　　B. SQ

C. KT　　D. SJ

2. JS7 系列时间继电器由电磁系统、触头系统和（　　）等组成。

A. 齿轮组　　B. 延时机构

C. 电子线路　　D. 计时器

3. 中间继电器的图形符号与交流接触器的差别在于没有（　　）。

A. 线圈　　B. 辅助触头

C. 按钮　　D. 主触头

4. 顺序控制线路是把先停止电动机的接触器（　　）并联到后停止电动机的停止按钮两端。

A. 线圈　　B. 常闭触头

C. 按钮　　D. 常开触头

5. 中间继电器的文字符号是（　　）。

A. SA　　B. KA

C. KT　　D. ZJ

6. 断电延时型时间继电器在线圈得电时，常开触头（　　）闭合；线圈断电时，常开触头经延时才断开。

A. 立即　　B. 延时

C. 短时　　D. 长期

三、判断题（正确的打√，错误的打×）

1. 能够实现几台电动机按一定顺序工作的控制电路称作顺序控制线路。（　）
2. 能够实现延时控制功能的电路称为时间控制线路。（　）
3. 时间继电器的文字符号为 KS。（　）
4. 通电延时和断电延时时间继电器线圈的符号是一样的。（　）
5. 中间继电器和交流接触器线圈的符号是一样的。（　）
6. 顺序控制的基本方法是用常闭触头进行互锁。（　）

四、作图题

1. 某机床主轴和润滑油泵各由一台电动机带动。今要求主轴必须在油泵开动后才能开动并能正反转、单独停车，有短路、零压及过载保护等。试绘出电气控制原理图。

2. 试设计一个小车运行的控制线路，小车由异步电动机拖动，其动作程序如下：

（1）小车由原位开始前进，到终端后自动停止。

（2）在终端停留 2 min 后自动返回原位停止。

（3）要求小车在前进或后退途中能在任意位置停止或启动。

任务 4　三相异步电动机启动和制动控制线路的安装与调试

一、填空题（将正确答案填在横线上）

1. 根据线圈中电流的大小而动作的继电器称为__________继电器。

2. 当线圈中电流大于整定值而动作的继电器称为__________继电器；当线圈电流降到低于某一整定值时释放的继电器称为__________继电器。

3. 速度继电器是一种当__________达到规定值时动作的继电器。

4. 速度继电器由转子、定子和__________三部分组成。

二、选择题（将正确答案的序号填在括号内）

1. 三相笼型异步电动机Y－△减压启动控制线路中使用了（　　）个接触器。

A. 1　　B. 2

C. 3　　D. 4

2. 速度继电器的文字符号是（　　）。

A. ST　　B. SQ

C. KS　　D. SD

3. 电流继电器的文字符号是（　　）。

A. KP　　B. KA

C. KV　　D. DL

4. 单相桥式整流能耗制动电路由接触器、（　　）、整流变压器、桥式整流电路等组成。

A. 压力继电器　　B. 电流继电器

C. 时间继电器　　D. 速度继电器

三、判断题（正确的打√，错误的打×）

1. 定子串电阻减压启动控制线路至少需要 3 个接触器。（　　）

2. 三相笼型异步电动机Y－△降压启动控制线路必须使用断电延时时间继电器。（　　）

3. 自耦变压器降压启动控制线路至少需要 3 个接触器。（　　）

4. 按时间原则控制转子串两级电阻启动的控制线路需要 3 个时间继电器。（　　）

5. 欠电流继电器常用于直流电动机和电磁吸盘的失磁保护。（　　）

6. 频敏变阻器启动控制线路至少需要 2 个时间继电器。（　　）

7. 速度继电器常用于电动机反接制动的控制电路。（　　）

8. 速度继电器的文字符号是 SK。（　　）

9. 单相桥式整流能耗制动控制线路至少需要 3 个接触器。（　　）

四、作图题

1. 试设计三相异步电动机Y－△启动两种不同的控制线路，并说明其优缺点。

2. 画出三相笼型转子异步电动机的能耗制动控制线路。工作要求如下：

（1）用按钮 SB2 和 SB1 控制电动机 M 的启动和停止；

（2）按下停止按钮 SB1 时，应使接触器 KM1 断电释放，接触器 KM2 通电动作，以便向定子绕组加入直流电源，进行能耗制动；

（3）制动一段时间后，应使 KM2 自动断电释放，以便切除直流电源，试用通电延时型和断电延时型继电器各画出一种控制线路。

3. 上题中若用速度继电器控制，应如何设计控制线路？

任务5　电气控制线路的设计与故障分析

一、填空题（将正确答案填在横线上）

1. 电气控制线路应最大限度地满足机械设备对____________的要求。
2. 控制大容量接触器线圈时，要加____________继电器。
3. 在保证控制功能要求的前提下，控制电路应力求__________、____________。
4. 控制机构的操作应简单和方便，减少______________操作，电控设备应力求维修__________。
5. 各种控制电器的__________应接在电源的同一端。
6. 交流电器的线圈不能__________联使用。
7. 设计控制线路时，应尽可能__________连接的导线。
8. 设计控制线路时，应考虑各种关系的__________、__________和电气保护。

二、选择题（将正确答案的序号填在括号内）

1. 在具体的控制线路设计中，应注意正确连接电器的触头，防止出现（　　）短路。
   A. 按钮　　B. 电源
   C. 接触器　　D. 功率
2. 控制电路应尽量选用（　　）及标准的线路和环节。
   A. 专用件　　B. 最贵器件
   C. 标准件　　D. 最新器件
3. 电控设备应力求维修方便，使用安全，并应有隔离电器，以免带电（　　）。
   A. 测量　　B. 工作
   C. 接线　　D. 检修
4. 接触器、继电器等电器线圈的一端统一接在电源的（　　）。
   A. 后面　　B. 两侧
   C. 前面　　D. 同一侧
5. 应尽量减少控制线路中所用控制电器（　　）的数量。
   A. 电源　　B. 按钮
   C. 开关　　D. 触头
6. 设计控制线路时应尽可能减少连接导线的（　　）。
   A. 截面　　B. 数量
   C. 开关　　D. 重量
7. 继电器和接触器比较容易损坏的部件是（　　）。
   A. 触头　　B. 线圈

C. 外壳　　　　　　　　　　D. 铁心

三、判断题（正确的打√，错误的打×）

1. 电气控制线路设计时，首先要考虑的是满足电源的要求。（　）
2. 在具体的控制线路设计中，应注意防止出现电源短路。（　）
3. 控制电路应力求简单，选用标准件，减少连线，减少电器，简化电路。（　）
4. 接触器、继电器等电器的线圈可以接在所处电路的任意位置。（　）
5. 交流电器的线圈不能并联，但可以串联使用。（　）
6. 应尽量减少控制线路中所用电器触头的数量。（　）
7. 电气控制线路设计的一般步骤是先控制电路后主电路。（　）
8. 完成功能设计的电气控制线路需要标准化。（　）
9. 检修电气控制线路故障时，首先应向操作者了解详细的故障情况。（　）
10. 用电工仪表测量寻找故障部位是常用的故障检修方法。（　）
11. 接触器的线圈是最容易损坏的部件。（　）
12. 当继电器和接触器的线圈电压偏低，不能吸合时，也会烧坏线圈。（　）

四、简答题

1. 电气控制线路设计的基本原则有哪些？

2. 电气控制线路设计有哪些注意事项？

3. 简述电气控制线路设计的一般步骤。

4. 简述电气控制线路故障检修的步骤和方法。

5. 简述继电器和接触器触头的常见故障及维修方法。

6. 继电器和接触器的吸引线圈所加电压过高时会被烧坏，但为什么电压过低时也会烧坏？

7. 分析下面的控制电路，说出其各有何缺点或问题，应如何改正？

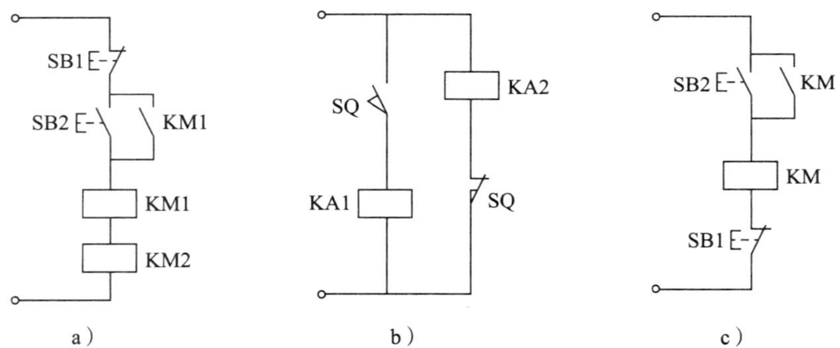

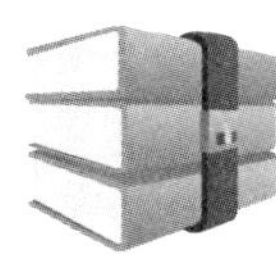

课题六　常用机床电气控制线路的安装与调试

任务1　普通车床电气控制线路的安装与调试

一、填空题（将正确答案填在横线上）

1. C620－1 型普通车床的主轴通过卡盘带动工件作__________运动。
2. C620－1 型普通车床的刀架沿床身导轨作纵向走刀运动由________电动机拖动。
3. C620－1 型普通车床的主轴电动机的容量不大，故采用________启动。
4. 冷却泵电动机的主电路接在主轴电动机接触器常开主触头的________。
5. 热继电器 KH1 和 KH2 分别作为________电动机和________电动机的过载保护。
6. 照明变压器 T 将 380 V 的交流电压降低到________V 安全电压。

二、选择题（将正确答案的序号填在括号内）

1. 车床切削时，主运动是工件作（　　）运动，而刀具作直线进给运动。
   A. 后退　　B. 直线
   C. 前进　　D. 旋转
2. 车床是用操作手柄通过（　　）的方法来改变主轴旋转方向的。
   A. 电气　　B. 感应
   C. 机械　　D. 电子
3. 车床的进给运动消耗的功率很小，是由（　　）电动机拖动的。
   A. 主轴　　B. 直流
   C. 冷却泵　　D. 单相
4. 车床主轴电动机的运转和停止由（　　）来控制。
   A. 熔断器　　B. 接触器
   C. 变压器　　D. 继电器
5. 主轴电动机（　　）才有可能接通冷却泵电动机。
   A. 启动后　　B. 过载后
   C. 启动前　　D. 停止后

6. 热继电器 KH1 和 KH2 分别作为主轴电动机和冷却泵电动机的（　　）保护。

A. 启动　　　　B. 过载

C. 短路　　　　D. 停止

7. 照明电路接 36 V 低压电源，灯泡的一端必须（　　）。

A. 悬空　　　　B. 接地

C. 接零　　　　D. 断开

三、判断题（正确的打√，错误的打 ×）

1. 车床主轴电动机容量较大，必须采用降压启动。（　　）
2. 启动冷却泵电动机提供冷却液后，才能接通主轴电动机。（　　）
3. 只要车床的任何一台电动机过载，控制电路便断电，两台电动机都停止。（　　）
4. 车床照明变压器将 220 V 的交流电压降低到 36 V 的安全电压。（　　）
5. 车床照明的 36 V 低压灯泡的一端必须接零线。（　　）

四、简答题

1. 车床切削时，有哪些部件分别在作什么形式的运动？

2. 车床的电气控制线路中有哪些保护环节？

3. 车床的照明电路为什么要采用 36 V 的安全电压？

4. 车床主轴电动机不能启动的原因可能有哪些？

5. 车床冷却泵电动机不能启动的原因可能有哪些？

任务2　磨床电气控制线路的安装与调试

一、填空题（将正确答案填在横线上）

1. 平面磨床的主运动是____________的快速旋转，进给运动有__________的纵向往复运动和__________的横向进给运动。

2. M7130 型平面磨床主要由床身、_____________、_____________、_____________（又称磨头）、滑座和立柱等部分组成。

3. M7130 型平面磨床的电器设备安装在床身后部的____________内，控制按钮安装在床身前部的______________上。

4. M7130 型平面磨床的电气控制线路可分为主电路、________电路、________控制电路以及机床照明电路等。

5. M7130 型平面磨床中有三台电动机，分别是：____________电动机、__________电动机和__________电动机。

6. M7130 型平面磨床电动机的启动必须在_____________工作，且欠电流继电器__________吸合；或电磁吸盘不工作，转换开关置于“____________”位置后方可进行。

7. 电磁吸盘控制电路由____________、控制装置及____________等部分组成。

8. 电磁吸盘保护环节包括____________保护、____________保护和短路保护等。

二、选择题（将正确答案的序号填在括号内）

1. M7130 型平面磨床上设有（　　）电动机。

A. 真空泵　　B. 压缩机

C. 冷却泵　　D. 直线

2. 砂轮电动机可以（　　）旋转。

A. 来回　　B. 单方向

C. 变速　　D. 正反转

3. 电磁吸盘的缺点是需用（　　）供电、不能吸持非磁性材料等。

A. 脉冲电源　　B. 交流电源

C. 变压电源　　D. 直流电源

4. 为了防止造成工件飞出，应在电磁吸盘线圈电路中串入（　　）继电器。

A. 过电流　　B. 过电压

C. 欠电流　　D. 欠电压

5. M7130 型平面磨床的照明变压器将 380 V 交流电压降低为（　　）V。

A. 36　　B. 220

C. 12　　D. 22

三、判断题（正确的打√，错误的打 ×）

1. M7130 型平面磨床的砂轮电动机只能单方向旋转。（　　）
2. M7130 型平面磨床的液压泵电动机可以反转。（　　）
3. M7130 型平面磨床的电动机必须在电磁吸盘工作后才能启动。（　　）
4. 电磁吸盘线圈由直流 220 V 电源供电。（　　）
5. 电磁吸盘的转换开关有三个位置：充磁、断电与去磁。（　　）
6. 电磁吸盘的保护环节有欠电流保护和短路保护。（　　）
7. 照明变压器将 380 V 交流电压降低为直流 36 V，供给照明灯。（　　）

四、简答题

1. 在 M7130 型平面磨床中为什么采用电磁吸盘来夹持工件？电磁吸盘线圈为何要用直流供电而不能用交流供电？

2. 在 M7130 型平面磨床电气原理图中，若将热继电器 KH1 、KH2 的保护触头分别串接在 KM1 、KM2 线圈电路中，会有何结果？

3. M7130 型平面磨床电路中有哪些保护环节？

4. 简述将工件从吸盘上取下时的操作步骤及电路工作情况。

任务 3　铣床电气控制线路的安装与调试

一、填空题（将正确答案填在横线上）

1. X62W 型万能铣床主要由底座、________、悬梁、________、升降台、________、工作台等部分构成。

2. 铣床工作时有三种运动：__________运动，__________运动，__________运动。

3. 铣床要求主传动系统能够调速，一般采用__________调速方式。

4. 铣床为了能进行顺铣和逆铣加工，要求主轴能够实现__________。

5. 铣床设有__________制动环节。

6. 为使主轴变速时变速箱内齿轮易于啮合，要求主轴电动机具有__________冲动。

7. X62W 型万能铣床的三台电动机分别是__________电动机，____________电动机，__________电动机。

8. 主轴电动机的启动、停止可在两地操作，一处在______________上，另一处在______________上。

9. 主轴电动机停止时，必须具有串入限流电阻的__________制动环节。

二、选择题（将正确答案的序号填在括号内）

1. 铣床的主轴和工作台由（　　）台电动机拖动。
   A. 1　　B. 2
   C. 3　　D. 4
2. 铣床在铣削加工时，在小进刀量时用高速铣削，大进刀量时用（　　）铣削。
   A. 低速　　B. 恒速
   C. 快速　　D. 变速
3. 铣床的主轴电动机停止时采用（　　）制动方法。
   A. 发电　　B. 反接
   C. 回馈　　D. 能耗
4. X62W 型万能铣床进给拖动经进给齿轮变速可以获得（　　）种进给速度。
   A. 8　　B. 18
   C. 12　　D. 10
5. X62W 型万能铣床工作台的运行方式有手动、进给运动和（　　）三种。
   A. 自动　　B. 电动
   C. 慢动　　D. 快速移动
6. 在进给变速时，为使齿轮易于啮合，电路中设有变速“（　　）”控制环节。
   A. 自动　　B. 冲动
   C. 制动　　D. 移动
7. X62W 型万能铣床的（　　）电动机启动后才可启动进给电动机。
   A. 丝杆　　B. 主轴
   C. 风扇　　D. 冷却泵
8. X62W 型万能铣床的工作台六个运动方向之间有（　　）。
   A. 联动　　B. 自锁
   C. 随动　　D. 互锁
9. X62W 型万能铣床工作台六个运动方向有（　　）保护。
   A. 速度　　B. 过载
   C. 限位　　D. 短路

三、判断题（正确的打√，错误的打×）

1. 铣床的主运动是主轴的旋转运动。（　　）

2. 铣床工作台可以在两个相互垂直方向上作直线运动。（ ）
3. 铣床在铣削加工时需经常正反转。（ ）
4. X62W 型卧式万能铣床由两台电动机拖动。（ ）
5. 铣床工作台三个相互垂直方向的进给在同一时刻只允许一个方向运动。（ ）
6. 铣床工作台三个方向的快速移动也是由进给电动机拖动的。（ ）
7. 铣床长工作台与圆工作台之间设置了互锁。（ ）

四、简答题

1. X62W 型万能铣床由哪些基本控制环节组成？

2. X62W 型万能铣床控制电路中具有哪些互锁与保护？为什么要有这些互锁与保护？它们是如何实现的？

3. X62W 型万能铣床主轴旋转工作时变速和主轴未转时变速，其电路工作情况有何不同？

4. 在 X62W 型万能铣床电路中，若发生以下故障，请分析其原因。

（1）主轴停车时，正、反方向都没有制动作用。

（2）进给运动中，不能向前右，能向上后左，也不能实现圆工作台运动。

（3）进给运动中，能上下左右前，不能后。

（4）进给运动中，能上下右前，不能左。

任务 4　钻床电气控制线路的安装与调试

一、填空题（将正确答案填在横线上）

1. 摇臂钻床的主运动为________的旋转运动，进给运动为主轴的________移动。

2. 摇臂钻床的辅助运动为摇臂在__________上的升降运动、摇臂与外立柱一起沿__________的转动及主轴箱在摇臂上的__________移动。

3. Z3040 型摇臂钻床的电气控制线路中 M1 为__________电动机，M2 为__________电动机，M3 为__________电动机，M4 为__________电动机。

4. Z3040 型摇臂钻床的主轴电动机 M1 为__________旋转，主轴的正反转则由________________选择。

5. 摇臂电动机 M2 拖动摇臂____________或____________。M2 为__________工作，不设过载保护。

6. 液压泵电动机 M3 由接触器 KM4 和 KM5 实现____________控制。

7. 冷却泵电动机 M4 容量小，由开关 SA ____________控制。

二、选择题（将正确答案的序号填在括号内）

1. Z3040 型摇臂钻床有（　　）台电动机可以正反转。

A. 1　　　　B. 2

C. 3　　　　D. 4

2. 摇臂电动机 M2 为（　　）工作方式。

A. 短时　　　　B. 断续

C. 连续　　　　D. 长期

3. 冷却泵电动机采用（　　）启动方法。

A. 降压　　　　B. 变频

C. 直接　　　　D. 串电阻

4. 摇臂自动夹紧程度由（　　）控制。

A. 电磁铁　　　　B. 按钮

C. 传感器　　　　D. 行程开关

5. 主轴箱和立柱的夹紧与松开是（　　）进行的。

A. 逆序　　　　B. 同时

C. 单独　　　　D. 顺序

三、判断题（正确的打√，错误的打×）

1. 摇臂钻床主要由底座、丝杆、光杆、摇臂、主轴箱导轨、工作台等组成。（　　）
2. Z3040 型摇臂钻床中有主轴电动机，摇臂电动机和冷却泵电动机。（　　）
3. 摇臂电动机不需要设过载保护。（　　）
4. 液压泵电动机不需要设过载保护。（　　）
5. 主轴箱和立柱的夹紧与松开是同时进行的。（　　）

四、简答题

1. 在 Z3040 型摇臂钻床电路中，时间继电器 KT 与电磁阀 YV 在什么时候动作，YV 动作时间比 KT 长还是短？YV 什么时候不动作？

2. 试述 Z3040 型摇臂钻床在操作摇臂下降时的电路工作情况。

3. Z3040 型摇臂钻床电路中，有哪些联锁与保护？为什么要有这些保护环节？

任务 5　镗床电气控制线路的安装与调试

一、填空题（将正确答案填在横线上）

1. 镗床可分为__________镗床、立式镗床、__________镗床、金刚镗床和专用镗床等。

2. T68 型卧式镗床主要由__________、前后立柱、镗头架、__________、尾架等部分组成。

3. 镗床的主运动是__________和__________的旋转运动。

4. T68 型卧式镗床用____________进行机械调速，用交流____________电动机完成电气调速。

5. 卧式镗床的主运动和进给运动由__________电动机拖动。

6. 由于镗床运动较多，所以要有必要的__________保护以及过载和__________保护。

7. 镗床的主轴电动机正反转停车时，均由____________控制实现反接制动。

二、选择题（将正确答案的序号填在括号内）

1. T68 型卧式镗床的主运动和进给运动由（　　）台电动机拖动。

A. 1　　B. 2

C. 3　　D. 4

2. T68 型卧式镗床的各部件还可以用（　　）电动机来拖动。

A. 变频　　B. 快速移动

C. 伺服　　D. 辅助

3. T68 型卧式镗床为便于变速时齿轮的顺利啮合应设有（　　）冲动环节。

A. 变频　　B. 快速

C. 启动　　D. 低速

4. T68 型卧式镗床主轴与进给电动机的绕组接法为（　　）。

A. YY/△　　B. Y/△△

C. △/YY　　D. △△/Y

5. T68 型卧式镗床的主运动和进给运动电动机由（　　）只接触器控制。

A. 5　　B. 2

C. 3　　D. 4

6. T68 型卧式镗床的快速移动电动机由（　　）只接触器控制。

A. 5　　B. 2

C. 3　　D. 4

三、判断题（正确的打√，错误的打 ×）

1. T68 型卧式镗床主要由床身、前后立柱、镗头架、工作台、尾架等部分组成。（　　）

2. T68 型卧式镗床的辅助运动是工作台旋转、后立柱纵向移动和尾架垂直移动。（　　）

3. T68 型卧式镗床采用双速电动机实现所有的调速功能。（　　）

4. T68 型卧式镗床的主运动和进给运动分别由两台不同的电动机拖动。（　　）

5. T68 型卧式镗床主轴与进给电动机绕组的接法是Y/YY。（　　）

6. T68 型卧式镗床用时间继电器控制反接制动。（　　）

7. T68 型卧式镗床的快速移动电动机无须过载保护。（　　）

8. T68 型卧式镗床只要合上电源开关，信号灯就亮。（　　）

9. T68 型卧式镗床的主轴电动机可以点动控制。 (　　)

10. T68 型卧式镗床不可在运行中进行变速。 (　　)

四、简答题

1. 简述 T68 型卧式镗床快速进给的控制过程。

2. T68 型卧式镗床控制电路中，时间继电器 KT 有何作用？其延时长短有何影响？

3. T68 型卧式镗床与 X62W 型万能铣床的变速冲动有什么相同点和不同点？

4. T68 型卧式镗床能低速启动，但不能高速运行，可能的故障原因是什么？